奄美でハブを40年研究してきました。

服部正策

新潮社

はじめに

暗闇の中、身の丈を超えるようなススキやシダをかき分ける。下草を慎重に踏みしめる。頼りは懐中電灯の明かりひとつ。いるようでいない。いないようでいる。油断すると咬《か》まれる。

奄美の森は夜、動き出す。山道を歩けばアマミノクロウサギやオットンガエル、シリケンイモリ、ルリカケスなど固有の希少野生動物の姿が見える。その食物連鎖の頂点に立つのがハブだ。

ハブは人間にとっては恐怖の対象だ。咬まれた瞬間に鋭い痛みが走り、20〜30分で毒が回る。患部が異常に大きくはれ、さらに痛む。血管、筋肉が破壊され、血行障害から筋肉壊死が起こる。ハブは餌《えさ》のネズミを追って畑に出没するため、奄美大島《あまみおおしま》や徳之島《とくのしま》では、命懸けで農業をする時代が長く続いた。

怖過ぎるあまりに、人が山にむやみに近寄らなくなり、希少種が守られてきた側面もある。ハブがいてこその奄美の森であり、「森の守護神」と呼ばれる所以《ゆえん》だ。

島には至るところにハブがいて怖いと思っている人もいるかもしれない。ハブが怖くて奄美に観光に行けない人もいるかもしれない。だが、野生のハブには滅多に遭遇しない。遭遇しても理不尽に襲ってはこない。襲うどころか、ハブは人の存在に気づいても寝たふりをする。かまってくれるなと言わんばかりに。

40年間、何千匹というハブと向き合ってきた私はそれを知っている。

２０２１年7月26日。「奄美大島、徳之島、沖縄島《おきなわじま》北部及び西表島《いりおもてじま》」の世界自然遺産登録が決定した。評価の対象は「生物の多様性」だ。

奄美大島と徳之島に生息し、天然記念物や絶滅危惧種に指定されている動物は少なくない。アマミノクロウサギ、アマミトゲネズミ、アマミヤマシギ、アマミイシカワガエルなど「アマミ」を冠した動物が代表例だ。

なぜ奄美大島や徳之島に固有種が多いのか。6～7ページの地図を見てほしい。かつて奄美は中国大陸南部の端っこにあり、大陸とつながっていた。大陸から切り離された奄美は１５０万年前ごろに沖縄と分かれ、その後、トカラ列島や徳之島とも分断、約１００万年前ごろまでに完全に現在の島々に切り離された。特に、標高が高く高い湿度が維持された奄美大島や徳之島では固有種が生き延び、大陸から渡ってきた生き物が独自の進化を遂げた。あえて書いておくが、奄美は鹿児島県で、長らく島津藩の領地でもあった。沖縄とは生態系も人間の文化・社会もまた違うのである。

植生では、照葉樹に覆われた原生林、北限といわれるマングローブ林が特徴である。動植物以外に見所も多い。

私は２０２０年3月末まで、瀬戸内町須手《せとうちちょうすで》にある東京大学医科学研究所奄美病害動物研究施設で働いていた。今も奄美には毎月のように出かけているが、旧海軍の水上偵察機基地跡の敷地は約1万平方メートルと広大で、研究室や実験室、動物飼育室を備えた施設が並ぶ。
「え、そもそも、奄美に東大の研究所があるの？」と驚く人は少なくないが、奄美での研究開始は、１９０２年と古い。

致死率が2割ともいわれたハブ毒に効く血清の開発が設置の目的だったが、当時蔓延《まんえん》していた熱帯の風土病フィラリアを研究した施設でもある。
『バカの壁』で知られる、解剖学者の養老孟司《ようろうたけし》先生もインターン時代の１９６３年にフィラリアの検診で奄美大島に来島されている。先生は仕事の合間に虫採りに行くのが目的だったと振り返っているが、40日間ほど滞在して、船で大島と加計呂麻島《かけろまじま》の全集落をまわり、住民の血を抜きまくったというからさぞ大変だったはずだ。養老先生は今も2、3年に一度は奄美を訪れ、山に入る。私とは虫好きという共通点があり、後に台湾にまで一緒にトガリネズミ科の動物を採りに行くことになるから人生は不思議だ。

私はこの奄美の研究施設で１９８０年12月から40年間働いていた。現地で採用されたわけではない。東大の畜産獣医学科の学生の時に、教授が「奄美を知っているか。服部君に向いている」と言われ、「行きます」と深く考えずに答えたのが運の尽きでもあり幸運の始まりでもあった。結果的に40年間、どういうわけか、異動かなと思うと研究が続行し、転機を逃し続けてきたのだ。

40年を振り返るとハブの研究が中心だったが、趣味の山歩きを重ねるうちに植物や昆虫に詳しくなり、気づけば「奄美の動植物の実情を知る人」という謎の枠組に入っていた。奄美大島にはほかに研究施設は見当たらないので、動植物の専門家としていろいろな会議に駆り出され、世界自然遺産に決まるまでの議論にも参加した。結果的により異動しづらい状況になった。教授の薦めで数年のつもりで赴任したら、あれよあれよの40年だった。

といっても、私には幸せな年月だった。奄美の自然や動植物に魅せられ、気づけば40年というのが本音だ。何がそんなに素晴らしいかは奄美に来て見てもらうのが一番早い。

象徴的なエピソードがある。

実は、2000年頃に東大は奄美の研究施設の閉鎖を検討していた。医科学研究所の所長が閉鎖を強く主張し、閉鎖秒読みの状況だった。周囲が「最後に視察くらい行ってください」と懇願。所長が渋々、現地に来たら、「奄美は素晴らしいところではないか」と心変わりし、閉鎖どころか、施設の機能が拡充された。所長の鶴の一声で、なぜか、奄美の地に国内でも数少ない霊長類の感染実験施設が建設された。人の心をガラリと変えさせる景色なんて、世界にそうそうないだろう。

自然も素晴らしいが、結局は住みやすいから40年いられたのかもしれない。温暖な気候だからか、みんな、おおらかだ。年間の平均気温は20度を超えるから、職場に短パンやサンダルで行っても誰も何も言わない。厚手の冬服が要らないから、洋服代もかからない。生活費も安上がりだ。

お酒を飲み過ぎて帰るのが面倒になってそこらで寝ても、風邪も引かないし、身ぐるみ剝がされる心配もない。私のようなつい飲み過ぎてしまう酒好きには天国のような場所だ。

右も左もハブも知らずに赴任してきた私が気づけば40年。離れがたかった奄美の魅力を紹介したい。自然遺産を本当の意味で味わって、考えて、旅するなり住むなりしてもらえたら幸いである。

一言で奄美といっても奄美大島を指すときと、大島本島を含む奄美群島を指すときがある。奄美群島は鹿児島市の南方３７７～５９４キロに13の島が飛び石状に連なる島々だ。しつこいようだが、鹿児島県に属する。西郷隆盛が二度島流しにされたのも奄美だ。有人島は奄美大島、加計呂麻島、請島《うけじま》、与路島《よろじま》、喜界島《きかいじま》、徳之島、沖永良部島《おきのえらぶじま》、与論島《よろんじま》の八つ。面積は奄美大島が最も大きく、日本の離島では佐渡島に次ぐ。

農業はサトウキビ栽培が中心だが、島によっては野菜や畜産も手がけている。奄美大島では黒糖焼酎の生産も盛んだ。瀬戸内町の大島海峡ではクロマグロが養殖されている。

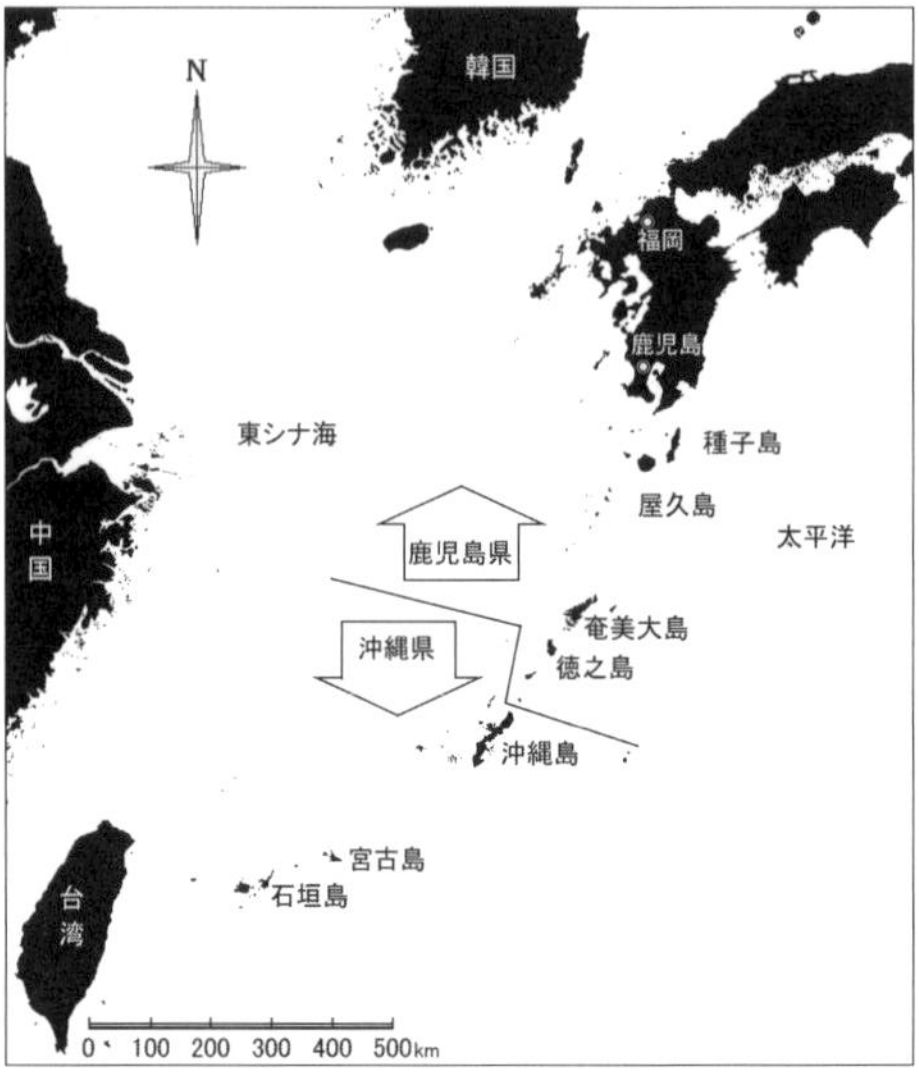
韓国
N
福岡
鹿児島
東シナ海
種子島
屋久島
太平洋
中国
鹿児島県
沖縄県
奄美大島
徳之島
沖縄島
宮古島
石垣島
台湾
0 100 200 300 400 500km

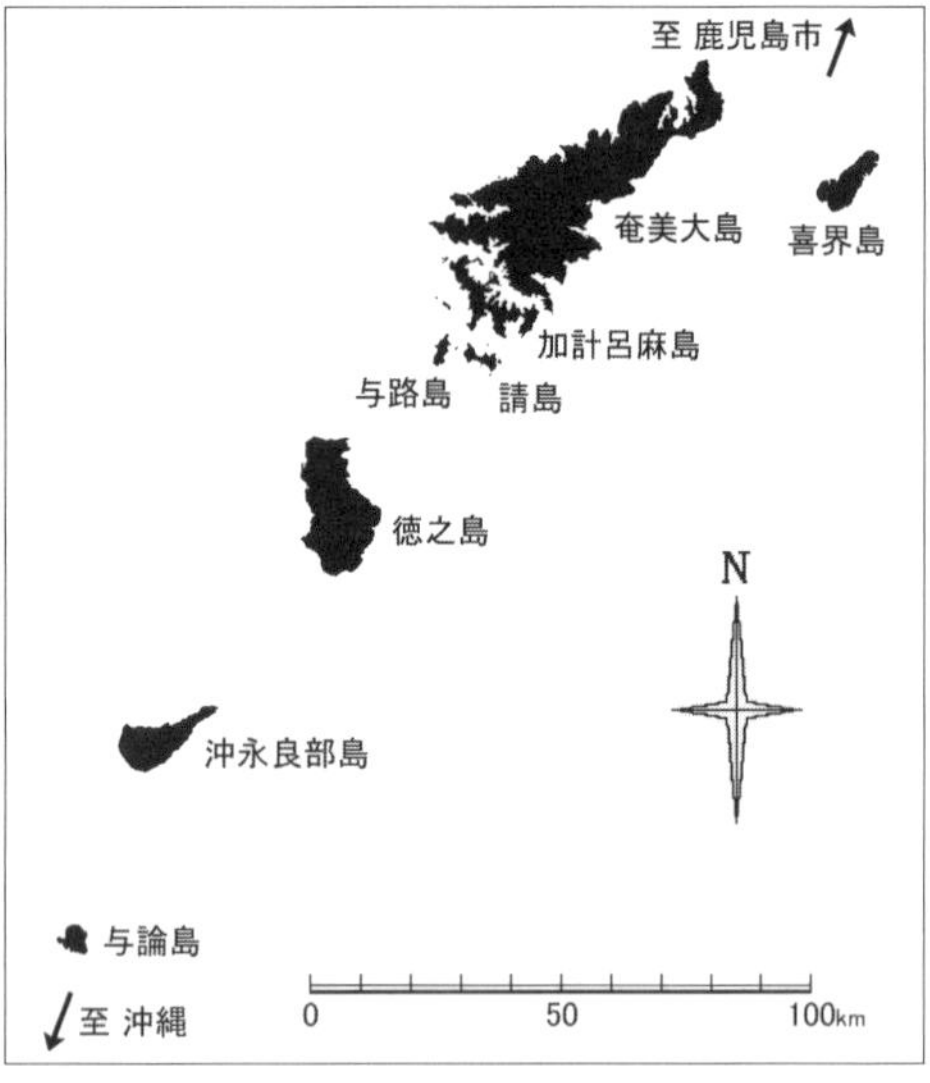
至 鹿児島市
奄美大島
喜界島
加計呂麻島
与路島
請島
徳之島
N
沖永良部島
与論島
至 沖縄
0 50 100km

奄美大島
奄美自然観察の森
奄美市笠利
奄美空港
名瀬港
龍郷町
奄美野生生物
保護センター
奄美市名瀬
大和村
金作原
原生林
湯湾岳
奄美市住用
旧国道三太郎峠
宇検村
奄美大島世界遺産センター
住用川マングローブ林
戸玉山
東大医科研
瀬
戸
内
町
節子の穴山
ホノホシ海岸
古仁屋港
加計呂麻島
与路島
請島
徳之島
天城岳
徳之島空港
平土野港
天城町
井之川岳
徳之島町
亀徳新港
犬田布岬
伊仙町
N

奄美《あまみ》でハブを40年研究してきました。

目次

奄美《あまみ》でハブを40年研究してきました。

Ⅰ部　毒蛇ハブ、確かに奄美にいます

1　ハブは怖いのか

◆怖いのは顔だけじゃない

ハブは怖い。私は40年間、家族よりも誰よりもハブと一緒にいたので怖くないが、みんな、声をそろえる。ハブは怖い。

何が怖いって、まず顔（下）が怖いらしい。三角形の矢じり型の独特の頭、1センチメートル強の注射針のような牙。体長も1メートルを軽く超えるハブも少なくないので、睨まれただけで身がすくむという気持ちもわからなくはない。

洋の東西を問わず、蛇は不気味な姿から忌み嫌われてきたが、ハブも含め蛇にしてみれば、「生まれたときからこの顔なんですが」とし

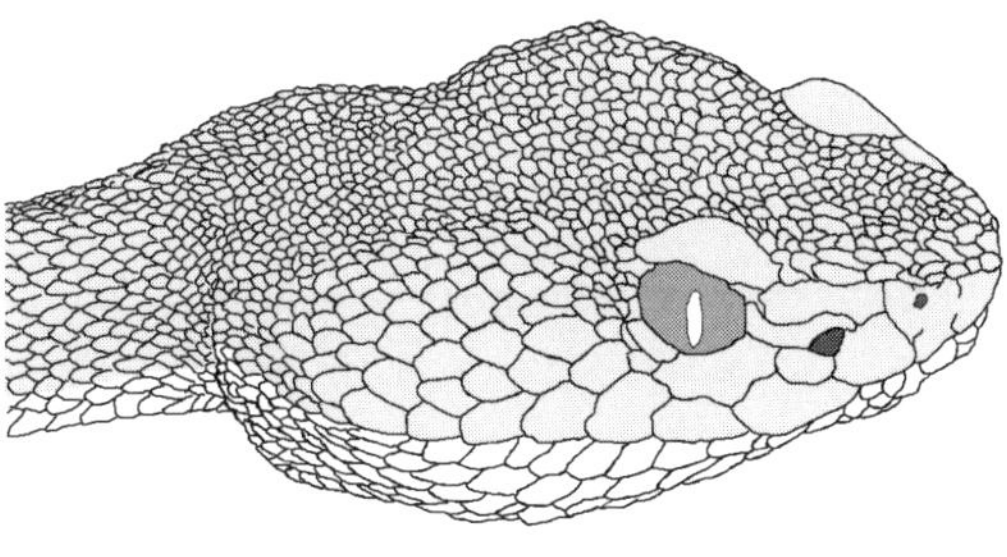

かいいようがない。人は見た目が9割ともいわれるが、怖い人が必ずしも粗暴ではないように、凶相だからといってハブもいきなりは襲ってこない。

もちろん、ハブは毒蛇だ。咬まれたらただ事ではすまない。近年こそ、駆除による生息数の減少や啓発活動によってハブに咬まれる人は減った。奄美大島と徳之島で年間計30〜50人規模で落ちついているが、かつては300人を超える年も珍しくなかった。

1980年頃に、日本蛇族学術研究所の沢井芳男所長が毒蛇咬傷《こうしょう》調査の一環として世界各地域の地域人口に対する咬傷患者の発生率を調べたことがある。結果は徳之島が世界1位。世界でもっとも毒蛇に咬まれる確率が高いのは徳之島であると明らかにされたわけだ。この調査は比較の地域が国単位だったり、行政区単位、島単位だったり規模が異なるが、奄美群島のハブの個体数密度の高さが浮き彫りになった。

咬まれる確率だけでなく、一昔前は咬まれたときの死亡率も高く、明治時代は2割近かった。ハブ抗毒素（血清）によって命が助かっても、毒の影響で手や足が壊死して腐るのを防げないケースもあった。

医学や輸送体制の発達によりハブ被害は激減したものの、2014年には加計呂麻島で咬まれた男性が亡くなっている。これは奄美群島では約10年ぶりのハブによる死亡事故となった。いそうでいないのに、忘れた頃に咬まれる。それがハブだ。

死亡事例や重い後遺症が残る事例は減っているが、咬まれたら痛いし治療中も痛い。「治療中は傷口の中をカミソリでゴリゴリされている感じ」と聞いたことがあるが、想像するだけで鳥肌が立つのは私だけではあるまい。奄美の人は身近に咬まれた人が誰かしらいるだけに、なおさらハブに注意深くなった面もあるはずだ。私は幸い咬まれずに40年をハブとともに暮らしてきたが、死ななくても絶対に咬まれたくないという強い思いが身を守ってきたのかもしれない。咬まれたら、腫れるし、切ることになるから痛い。体験談を誰よりも多く聞いてきたから咬まれなかったのだろう。

治療法も改善されてきているが、咬まれた直後の対応を医者が慎重になりすぎたがために半年くらい体調が戻らなかった知人がいる。つまり、2024年の今や、死んだり、足や手が腐ったりする確率は低くなっているが、ハブは怖い。やはり、理屈抜きで怖い。

とはいえ、本章で詳しく述べるが、ハブは誰彼かまわず咬みついてくる危険な動物ではない。私たちはハブを恐れるが、ハブも人間を恐れている。ハブは神経質で臆病な生き物だ。ハブの本当の姿を見ていこう。

◆山頂から砂浜、トタンの下まで

私たちが「ハブ」と呼んでいる毒蛇はクサリヘビ科マムシ亜科に属している。頭部が矢じり型で、体よりも外側に張り出しているのが特徴だ。マムシやガラガラヘビが同じグループにいる。孵化《ふか》直後の体長は50センチメートルほどだが、1歳で70センチ、2歳で1メートル近くまで成長する。ハブを含めて蛇は餌をかみ砕けないので丸呑みする。当然、大きな餌は丸呑みできないので、小さいハブの餌は小さくなる。奄美大島では子ハブの餌の半分以上はヤモリで、次いでワタセジネズミが多い。成長するに伴い大きな餌を丸呑みできるようになる。胃の内容物を調べた調査ではクマネズミやドブネズミなど野ネズミが8割以上を占めている。

体長1メートルを超えるあたりから餌も大きくなるので、急速に巨大化する。2メートル40センチを超え、体重が3キログラム近くになる個体もいる。大きさについてはグループ（マムシ亜科）の中ではアジア最大だ。

ハブが厄介なのは、それほどの大きさにもかかわらず環境適応力が高い点だ。原生林の山頂部から海岸の砂浜、岩礁部、畑、水田、道路にあらわれ、小屋や物置の中、トタンの下などにも隠れている。あんなにデカいのに神出鬼没。おまけに、誰も呼んでいないのに家の中にまで入ってくる。就寝中にハブに咬まれる人はいまだに少なくない。

ハブが家に侵入するのは、木に登れる能力と関係している。蛇には、地面を這うだけの蛇と木に登れる蛇がいる。後者の蛇は複雑な立体構造も理解できるため、タンスの上の空き箱や本棚の本の裏にも身を潜められる。ハブは気を付ければ大丈夫といっても、家の中に1メートル以上ものハブがいたら、悲鳴のひとつもあげたくなる気持ちはわからなくもない。だが、人がハブに驚き、騒げば騒ぐほど、ハブを刺激してしまい、咬まれる可能性は高くなる。

家屋を住処《すみか》とする蛇は、アジアではナミヘビ科の無毒蛇として知られるユウダの仲間が大型化している。日本では本土のアオダイショウがこれに該当する。奄美群島や沖縄諸島にはユウダの仲間が生息していないのでライバルがおらず、ハブが住家性も獲得したとの見方が支配的だ。

ハブを飼うという人は少ないので年齢が明らかな個体は少ないが、30年以上生きた記録もある。とはいえ、15歳を超えたあたりから体の動きが鈍くなるので、自然界での寿命もそのあたりと思われる。余談だが、大きいハブは移動する際にザザザと草がこすれる音を生じさせる。ハブも年を取ると下半身が動きづらくなり、体の後部を引きずって動くからだ。ザザザと音がしたら、近くに大きなハブがいるサインだ。

◆ハブより怖い蛇

奄美大島にはハブのほかにも7種類の蛇がいる。中でも有名なのは、同じ毒蛇のヒメハブだ。大きさは30～80センチメートルほどと、ハブよりひとまわり小さいので皆、油断しがちだが、その油断が仇《あだ》になり咬まれる人は多い。環境省の職員が視察に山に入ったときに、「私、学生時代にヒメハブの研究をしていましたから」といいながら、ヒメハブを捕まえようとして見事に咬まれていた。

念のため、このヒメハブ、ハブより毒の量は少ないが、咬まれた人がアレルギー症状で亡くなった例がある。10度以下でも冬眠しない。世界で最も低温下でも餌をとれる特性を持つとされるが、奄美ではその特性を発揮する機会は果たしてあるのだろうか。ちなみに名前からハブと一括りにされがちだが、ヒメハブはヤマハブ属で、属が異なる。

ハブ（上）やヒメハブ（右下）と同じように地元で恐れられているのがヒャン（左下）だ。小指くらいの太さで、50センチメートルほど。オレンジの体に黒い横線模様が入っていて、見た目はかわいい。

研究者の間では神経障害を起こす猛毒を持つと言う人もいるし、咬まれたとしても蚊に刺された程度と言う人もいる。つまり、よくわかっていないのだが、いずれにせよ、ヒャンの口は非常に小さく、人を咬めそうにない。私も咬まれた人を見たことはない。

それなのになぜか、地元の人は小さい頃から「ヒャンが最も猛毒の蛇」と教えられている。ハブよりもヒャンが怖いと信じている地元の人も少なくない。

一昔前、運送会社の駐車場を実験の関係で借りていた時期があった。そこの社員の方が「先生、ヒャンを捕まえましたよ」と箱に入ったヒャンをくれたので、「おお、ヒャンだ」と駐車場で箱から取り出し、手でつかんで持ち上げたら、周りにいた人が大声を上げて一目散に逃げ出した。急に道路に飛び出したので、あやうく車にひかれそうになる人もいたくらいだ。ヒャンよりも、車の方がよっぽど怖いのになと思ったけれど、それ以来、人前でヒャンを手づかみするのは控えている。

◆ハブはどこから来たのか

ハブが南西諸島に住み着いた歴史から振り返ってみたい。

ハブの祖先は２０００万年以上前からアジア大陸東部に生息していた。当時はつながっていたベーリング海峡をわたって新大陸に移住したから、いかに温暖な気候だったかがわかる。

５００万～２００万年ほど前、奄美、沖縄が大陸から切り離された際に〝島の住民〟となった。１５０万年前の氷河期には、北上したハブは種の維持ができなくなったが、南西諸島のハブは東シナ海の温暖な海流と、高湿度を保つ森に守られ、生き延びてきた。

現在、鹿児島県では奄美大島、加計呂麻島、請島、与路島、枝手《えだて》久《く》島《じま》、徳之島、宝島《たからじま》、小宝《こだから》島《じま》に生息していて、喜界島、沖永良部島、与論島、江仁《えに》屋離《やばなれ》、須子《すこ》茂離《もばなれ》などには生息していな

い。沖縄県では沖縄本島と近接離島、伊平屋島《いへやじま》、伊江島《いえじま》、水納島《みんなじま》、渡名喜島《となきじま》、渡嘉敷島《とかしきじま》、久米島《くめじま》などが生息地である。

地理的に近くにありながらハブがいる島といない島が飛び石状になっている理由には諸説あるが、島の標高が高いか低いかが分布の指標になっているとの見方が長年にわたり支配的だった。つまり、高い山のない島は地殻変動で海に水没した際にハブが絶滅したというわけだ。水没ではなく氷河期の乾燥が原因だという考え方もあるし、氷河期の海水面の低下による陸続きの影響も考える必要がある、など諸説入り乱れている。

ただ、近年になってハブの生息が継続的に確認されるようになった島も出ている。

例えば沖縄県の野甫島《のほじま》では隣の伊平屋島との橋が開通してからハブも定着したといわれている。

同じく沖縄県の粟国島《あぐにじま》も2017年に3匹のハブが捕獲されてニュースになったが、これまでに200匹以上が捕獲されている。こちらの原因は明らかになっていないが、定着している可能性が高い。

◆昔のハブはもっとデカい？

さて、ここからが本題だ。ハブはなぜこれほど大きく、数が多いのか。ハブ研究者の中でかつては有力な仮説とされていたひとつが、小さいハブが大きく進化したという見方だ。もともと森の中に生息して、小型であったハブは、農耕の定着に伴って耕作地周辺の豊富な餌を確保することで大型化した。南西諸島では大型肉食獣がおらず、天敵もいないため、個体数を増やしていったという仮説である。ただし、この説では、ハブはもともと小さかった前提になるが、それを裏付ける化石は奄美・沖縄では全く見つかっていない。

そもそもの話をすると、奄美大島の土壌の大半は酸性のため、化石の保存に向かず、脊椎動物の化石の報告がない。ただ、奄美大島以南の島々は珊瑚礁を起源とする石灰岩が発達していて、そのアルカリ分で化石が残されている。沖縄県の宮古島、久米島、沖縄本島では約2万5000〜1万5000年前の地層から、人骨を含めた多くの脊椎動物の化石が報告されていて、ハブの骨も出土している。

ところが、である。鹿児島大学大学院生時代に、沖縄県で出土した骨を計測した生物学者の池田忠広氏によると、ハブの椎骨《ついこつ》（脊椎の分節をなす個々の骨）の大きさは現存するハブの2倍ということだった。椎骨が2倍ならば、単純に考えれば、全長が2倍になる。つまり、約2万年前のハブは最長で4メートル超級だったかもしれないのだ。ハブの化石は絶対数が少ないが、さらに時代を遡ると、日本本土全体でハブの化石が出ている。岐阜県では1700万年前の地層からハブの骨が発見されていて、これも現在の2倍の大きさだった。

どういうことか。

蛇は下顎《したあご》の構造から餌をかみ砕けず、丸呑みする。私たち人間と違って消化管と皮膚が伸びる限りどんな大きな生き物でも呑み込める骨格になっている。

体長40〜50センチメートルのアマミノクロウサギを呑み込んだハブも数例紹介されているし、実験用に飼育しているハブが共食いしているのを見たこともある。ネズミの取り合いになったのか、ネズミを呑み込もうとしたハブをもう一匹のハブが呑み込もうとしていた。さすがにこの時は無理と気づいたのか、途中で吐き出していた。他にも、私が気づかぬうちに共食い状態になり、箱を開けたら2匹とも息絶えていたハブもいた（ハブが共食いするのは稀な例だ）。

話が逸れたが、現在、奄美から沖縄に生息するハブはクマネズミやドブネズミなど野ネズミを丸呑みするのに最適な体の大きさになっている。ならば、2万年前までのハブが今の2倍にまで成長していたとすると、餌も2倍の大きさだと考えるのが自然だ。

クマネズミ（体長15センチメートル、体重150グラム程度）の2倍の大きさの餌となると、現存する哺乳類ではケナガネズミ、両生類ではオットンガエル、ホルストガエル、ナミエガエルなどが該当する。大きな体を維持するのにこれらを苦労しながら捕獲していたのかもしれない。

宮古島には現在はハブの仲間は生息していないが、2万年前のハブの化石とともに、ケナガネズミによく似た大型のミヤコムカシネズミの化石が出土している。また、現存しない種としては、レオポルダミス属の大型ネズミが沖縄本島の今帰仁村《なきじんそん》の150万年前の地層から見つかっている。こうしたことを考え合わせれば、クマネズミ、ドブネズミのいない時代のハブは、森に住む大型の脊椎動物を捕食するさらに大型の毒蛇であったとの推察は、決して妄想と片付けられないはずだ。

そう考えると、4メートル級のハブが約半分のサイズになったのは餌が小型化したからというのが妥当だろう。「小型化」の時期を推測するには、現在のハブの主食であるクマネズミなどの野ネズミがいつ南西諸島に入ってきたかが重要になる。

そのひとつのヒントとなるのが貝塚だ。例えば、奄美市名瀬《なぜ》小湊《こみなと》のフワガネク遺跡から出土した7世紀の骨の解析からは、当時、人間が想像以上に多くの生き物を採集していたことがわかる。ブダイ、ベラ、フエフキダイ、ハタ、アジなどの魚だけでなく、イノシシや海獣類、ウミガメの骨が確認されている。そして、わずか数点であるが、ネズミとウサギの骨も混じっていた。この骨を東京大学医科学研究所で保管している哺乳類の骨と比べてみた結果、アマミノクロウサギ（次ページ）、ケナガネズミ（29ページ）、アマミトゲネズミの骨であることがわかった。

不思議なのは、当時の人がこれだけ手当たり次第に何でも食べているのに、ハブの骨は見つからなかったことだ。他の多くの貝塚からもハブの報告はない。そして、クマネズミやドブネズミの骨も発見されていない。つまり、この頃までは餌である野ネズミは奄美に上陸しておらず、ハブは森林の中に生息している大型毒蛇で、個体数も少なく、人との接触も限られていた可能性が高い。

アジア南部の森林が原産とされるクマネズミや、アジア西部が原産とみられるドブネズミが生息範囲を世界中に広げたのは15～17世紀の大航海時代と考えられている。貿易船に乗って土着のネズミが世界のあらゆる場所に移動していった。もともとはネズミの感染症で、ノミが媒介して人にも伝染する「ペスト」が世界中で猛威を振るった時期とも重なる。そうすると奄美大島に野ネズミが上陸したのも、それほど昔ではないと考えるのが自然だ。

また、クマネズミもドブネズミも飲み水を必要とする動物だ。大きな船で航海する時代にならないと、船内に身を隠して長い距離を移動するのは不可能だろう。

江戸時代は、奄美でサトウキビ畑の拡大と段々畑でのサツマイモや雑穀の栽培が始まり、農

業の形が大きく変わった時期でもある。

これらを踏まえると研究者としては仮説がふくらむのである。

この頃、クマネズミやドブネズミが船に乗って奄美に上陸し、耕作地を中心に大繁殖した。森の中で餌を捕獲するのに苦労していたハブが餌を求めて生活の場を山から耕作地周辺へと変えた。体の大きさも餌の小型化に伴って今のサイズになり、餌に困らないので、個体数を増やしていったという仮説だ。

もちろん、この仮説にも突っ込みどころは少なくない。400〜500年程度で大きさが4メートルから2メートルまで変化するとは考えにくいと誰もが思うだろう。日本人男性の江戸時代の平均身長は150センチ台だったが、21世紀の今、もちろん、2分の1にも2倍にもなっていない。食生活が豊かになっても平均身長は2割も伸びていない。
だが、人間には起きないような変化だといって、「あり得ない」と切り捨ててはいけない。
近年、明らかになっているのはハブの高速進化ぶりである。それを物語るひとつがハブ毒の進化だ。ハブ毒はハブ

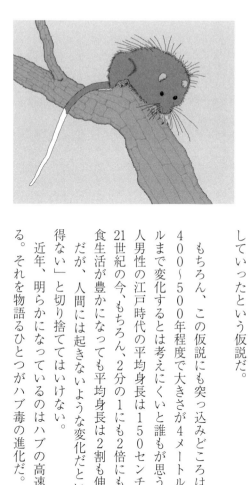

の体を構成する遺伝子などに比べ加速度的に進化している。この進化によってハブ毒の成分は島ごとに変わり、多様な機能を獲得してきたと考えられる。

例えば、ハブ毒の強力な筋壊死成分であるＢＰⅠ、ＢＰⅡと呼ばれる酵素タンパク質だ。これは奄美大島、徳之島のハブ毒にはあるが、沖縄諸島のハブ毒にはない。専門的な話だが、毒が比較的弱いとされる沖縄諸島のハブはＢＰⅠ、ＢＰⅡ遺伝子が偽遺伝子になって働かなくなっている。

沖縄のハブが島固有のホルストガエルを餌にしている一方、奄美と徳之島のハブはネズミや鳥、虫類など多様な動物を捕獲するため毒性が特に強いＢＰⅠ、ＢＰⅡを持つ必要があるという説もある。

毒の成分だけでなく、皮膚の模様や形態、習性なども島によって違う。久米島のハブはシマヘビのように背中に細い細い縦筋の模様があるが、これは海岸の草むらに生息する小さなハブが冬鳥のサシバ（タカの仲間）から身を守るために役立つと考えている人もいる。久米島はサシバの渡来地だ。

トカラ列島の宝島と小宝島にはトカラハブが生息する。トカラハブはハブとは別種とされているが、ＤＮＡ解析でもハブ毒の成分解析でも、結果は奄美大島や徳之島のハブに非常に近い種だ。種としては非常に近いにもかかわらず、トカラハブの大半は体が小さく1メートルに満たない。これは宝島と小宝島にはケナガネズミもトゲネズミも生息しておらず、餌がヤモリやトカゲ、小型のカエルに限られるからだ。餌の大きさに比例するのである。

他の爬虫類《はちゅうるい》と比較してもハブは島ごとの違いがあまりにも大きい。ハブの優れた環境適応能力からして、クマネズミの大繁殖に自身のライフスタイルを合わせ、体を大きく変化させても不思議ではない。

もちろん、これはあくまでも私の仮説だ。ただ、化石や遺跡の検証結果や文明史から考えても、ハブは大型化したと考えるよりは小型化したと考える方が自然だろう。

2　ハブの毒は筋肉を溶かす

◆ハブの毒はどれほど怖いのか

国内最大級の蛇であるハブだが、ハブがアオダイショウのように無毒であれば、4メートルあっても人との関係性は変わっていたかもしれない。やはり、人々を怯えさせるのはハブの持つ毒にある。

ハブは獲物を狙う時はまず咬みつく。目と鼻の間にあるピット器官と呼ばれるセンサーで、生き物の体温を感じて咬みつくため、人も不用意に近づくと咬まれる。まず咬みつくのは、餌をかみ砕けないので、丸呑みするために、餌になる動物を毒で殺す必要があるからだ。

ハブと人との関わりの記録をひもとくと、江戸時代末期にハブ1匹を玄米1升でお上が買い上げたとする文献が残っている。当時の奄美の生活水準を考えるとこれはかなり高額で、人々がハブの存在にいかに頭を悩ませていたかがわかる。

それもそのはずだ。当時、ハブに咬まれた者の過半は死んだとの記載もあり、昭和初期の死亡率は10％を超えている。死亡率を考えれば、怖がるなというのが無理な話である。

◆質より量のハブの毒

それではハブの毒はどのくらい危険なのだろうか。致死率はどれくらいなのか。

結論から言うと、ハブの猛毒性は世界の毒蛇でも下から数えた方が早い。

毒蛇の毒性を比較する際によく用いられるのが半数致死量（ＬＤ50）だ。これは、ある一定の条件下で動物に試験物質を投与した場合に、対象となる動物の半数を死亡させる試験物質の量を示す。少なければ少ないほど毒性が強いことになる。

インターネット上にはこのＬＤ50を用いた毒蛇ランキングがいくつも掲載されている。端的に言えば、マウスを殺すのに何マイクログラムの蛇毒が必要かを比べているのだが、これらがどこまで正しいかは私には判断が付かない。

チェックできないし、おそらくデータが追加更新されることもない。というのも、動物愛護の精神から倫理上、そうした実験を実施したところで結果を公表できないし、どこに論文を送ろうが受け付けてくれないからだ。そもそも、今は大学や研究機関では動物実験の事前の審査システムがあるので「マウスがどのくらいの毒量で死ぬのか試そうと思います」と実験計画を立てたところで、認められない。

そうした背景もあり、ランキングがどこまで正確かという問題はあるが、大きく外れていることはないだろうという前提で眺めれば、ハブは総じて百数十種類の世界の毒蛇の中で下から10番目以内に位置している。世界には0・03マイクログラムに満たない毒量でマウスの過半を死なせてしまう毒蛇もいるが、ハブ毒は1マイクログラム程度ではマウスも人も死なない。これは間違ってはいない。ＬＤ50の比較では日本の毒蛇でもヤマカガシやマムシの方が危険だ。

では、弱いはずのハブ毒になぜ奄美の人々がこれほど苦しんできたかというと、ハブは「質より量」の毒蛇だからだ。

まず、毒の量が多い。1回咬みつくと、左右の牙から1ミリリットルのうす黄色の毒液を出す。いくら毒が弱いといっても、1ミリリットルの量が出たら5、6人は確実に殺せる。

そして、個体数が多い。ハブがどのくらい存在するかの試算は難しいが、捕獲数から推定しても、ざっと奄美に7万匹、徳之島に4万匹はいると考えられる。ここだけで11万匹である。奄美大島の5・9万人という人口よりも多い。

1マイクログラム当たりの毒性が弱かろうが、万が一咬まれて、鋭い牙から人の指先分ほどもの量の毒が流れ込めば、毒性が強いか弱いかはあまり関係ない。その上、「ハブは本当は臆病」といわれても、個体数が多く、山の中にも家の中にも出没するとなれば安心はできない。つまり、毒蛇ランキングなどあてにしてはいけない。やっぱりハブは警戒すべき「日本最強の蛇」であることはまちがいないのだ。

◆血清は万能ではない？

怖いハブだが、咬まれて亡くなったり、重度の後遺症が残ったりする例は激減している。医療体制の整備とあわせてハブの脅威を弱めてくれたのが、毒を中和する抗毒素（血清）の存在だ。血清は１９０４年に国立伝染病研究所（現東京大学医科学研究所）の北島多一氏らによってつくられた。血清は液状のため、有効期間の短さが課題だった。低温保存する必要があったが、当時の電力事情から離島では使用が簡単ではなかった。

１９５９年に東大伝染病研究所（現東京大学医科学研究所）の沢井芳男氏らが乾燥血清を開発して、長期保存が可能になった。

そもそも今の東大医科研が１９０２年に奄美で研究を始めた目的がハブ毒に効く血清の開発であり、私もハブの個体の特徴や生態調査と同時にハブ毒の治療法についても研究してきた。血清づくりに心血を注いだ多くの先達のおかげでハブへの恐怖を感じる場面はなくなった、と言い切りたいところだが、実は地元の人以外には誤解されていることがある。

血清は完全には効かないのだ。数時間以内に血清を打たなければ後遺症に苦しむことは少しずつ知られるようになったが、血清を適切なタイミングで打ったとしても苦しむ。どっちにしろ、しんどい。これはハブ毒の成分に関係している。ハブの毒は現在の医療を上回る複雑さを持っているのである。

◆ハブ毒は複雑怪奇

生き物の毒ではフグのテトロドトキシンが有名だ。これはフグがつくっているのではなく、バクテリアなどが生み出した毒成分を、餌を通じて体内に蓄積している。イモリやヒキガエルの毒も同じで、外部から取り入れてため込んでいる。

ハブに限らず毒蛇の毒はたんぱく質でできている。これは自身が体内でつくっている毒だ。たんぱく質が主体の毒ならば血液の中に抗体をつくりだすことができる。

馬などの動物に毒液を少しずつ注射して量を増やしていき、毒を最も中和する段階で、血液を全採血して、有効成分を取り出す。

ハブの血清も馬に毒液を打って、抗体の増えた血液を取り出してつくられるが、難しいのはハブ毒はたんぱく質の混合液である点だ。毒腺は耳下腺という唾液腺が進化したものだ。ハブは、私たちが消化酵素と呼ぶものの遺伝子を少しずつ変異させてさまざまな毒をつくり出す。

血管を壊す毒と筋肉細胞を破壊する毒、分解酵素など何らかの組織に影響を及ぼす毒も含め、たんぱく質の成分がわかっているだけでも約20種類含まれている。

そうなると、毒液が及ぼす影響を完璧に抑えようとすれば、20種類の抗体が必要になる。当然、そのバランスをとるのが非常に難しく、完全には抑え切れないのが実情だ。

ハブに咬まれると、内出血を起こし、赤く腫れ上がり、放置すると黒変する。次に筋肉の細胞が壊死するために、歩行障害や指の動作不良などの後遺症が残る場合もある。

写真は１９５８（昭和33）年、咬まれて数日後に、筋肉が壊死している。この方は、脚の切断はまぬがれたが、筋肉は再生せず、歩行困難となった。

現在普及している血清は、出血を止める効果はあるが、筋肉の壊死には充分に効かない。

筋肉の細胞が死ぬ毒は、毛細血管を破壊する毒に比べて作用するのに時間がかかり、分子量が小さいため抗体ができにくいからだ。

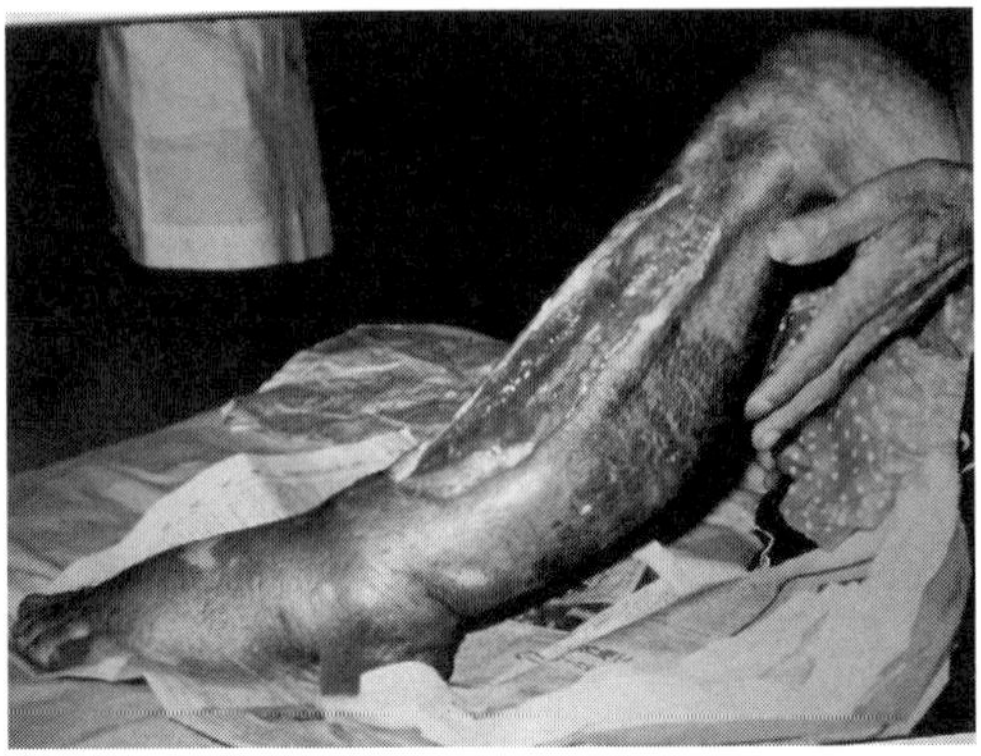

だから、咬まれて病院に行って血清を打ったところで、他の病気のように「あー、楽になった」とはならない。痛みはずっと続く。

かといって、痛みを抑えようと痛み止めを打っても効き目がないどころか、パンパンに腫れてますます酷くなる。

血清を打っても痛いのは、ハブ毒のいろいろな成分が筋肉や筋膜や腱などあらゆるところにガンガンに働いているからだ。そこに痛み止めの麻酔薬を局所的に注射液で入れると、その場所の圧力が増して、患部がさらに腫れ上がる。

だから、医者は痛み止めを使わずに腫れ上がった患部をスパッと切る。そうすると圧力が下がり、「楽になった」と患者は口をそろえる。

「そんなに痛い思いをするならば、もしもの時のためにワクチンをつくってよ」という声も聞こえてきそうだ。ハブに咬まれた時の重症化を未然に防ぐワクチンは、かつては存在した。「トキソイド」と呼ばれたこのワクチンは、ピーク時には毎年２０００人が接種していたが、年々接種数は減少。打つほどの意味がないということなのか、国内唯一の製造元だった千葉県血清研究所の採算が合わなくなり、20世紀末に廃止された。いまでは千葉県血清研究所も閉鎖されており、再度、ワクチンを実用化しようとするならば安全性試験から取り組まなければいけない。コストを考えればどこかの製薬会社が今後手を挙げる可能性は限りなく低い。

◆咬まれたらどうするか

死ぬ確率が低くても、ハブ毒には未だに治療法が確立されていないことを理解いただけただろうか。つまり、注意するしかない。

とはいえ、注意に注意を重ねても咬まれる時だってある。ハブに道で出くわしてしまった時の対処法については後述するが、ここではハブに咬まれないために普段どのようなことに気を付けるべきかをお話ししたい。

まず、どのような時にハブに咬まれるかのデータが存在する（上）。それによると、山の中を歩いている時などではなく、農作業中の被害が最も多い。次いでハブの取り扱い中。歩行中や就寝中も多い。また、被害はハブが活動する夜間よりも昼間に多く発生している。

奄美の人はハブを怖がり、警戒に警戒を重ね、無駄に出歩かない。「山なんてもってのほか。服部さん、山によく行くね」という人もいるけれども、統計上は山の方がはるかに安全なのだ。

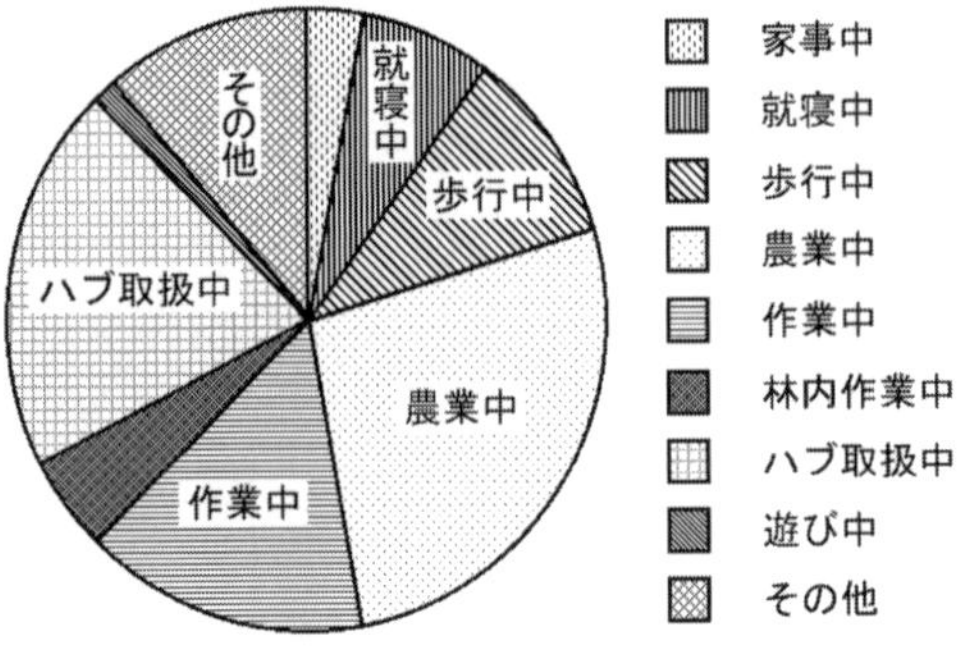

これは確率論だ。これまで述べてきたように、ハブの数で比較すれば、人家や畑の周辺の方が圧倒的に多い。特に徳之島は農業が盛んだ。サトウキビ畑にはネズミが多く、それをハブが狙うわけだから、出入りする人が咬まれる確率は自然と高まる。

だから、咬まれないためには常時気を付けるしかない。畑はもちろん、そこらの道端にいるかもしれないし、庭にいるかもしれない。「そこにもここにもハブがいる」と注意するしかない。山よりも里、私たちの暮らす生活環境が最も危険なのだ。

つまり、咬まれる原因の大半は不注意と、「こんなところにいるはずはない」という油断がもたらしている。

サトウキビの束を運ぼうとしてつかんだら、その下にハブがいたというのは徳之島ではよくある話だ。私の知人も農園で、収穫しようとタンカンをつかんだらその裏にハブがいてガブリとされた。「まさか、そんなところにね」のわかりやすい例だろう。

私自身も肝を冷やした経験がある。

実験用のハブは10匹、20匹入るような大きな箱と数匹単位の小さな箱で飼育していた。飼育といっても、いずれ解剖するので水が入ったシャーレを箱ごとに入れておくくらいだ。必要な時に箱から取り出して実験に使用する。

慣れた作業なので、ぼーっとしていたのかもしれない。小さな箱から何匹かハブを取り出し、「実験も終わったし、シャーレを取り出しておくか」と無造作に蓋を開けて手を突っ込んだら、ハブがまだ1匹いて危うく咬まれそうになったことが二度ある。

周りのスタッフも「ハブがいるのによく手を突っ込んでシャーレを取り出すな」と驚いていた。見ていたなら注意してくれよと思ったが、一瞬のことで指摘する間もなかったようだ。おそらくハブ自身、唖然としたはずだ。「こいつ何やってるんだろう」と。

奄美のようにハブが身近だと、ハブを怖がる人もいるし、一方で、全く怖がらない人もいる。後者は「元気があれば何でも出来る」タイプの人で、「咬まれないと思えば咬まれない」と信じ込んでいるタイプだ。意外かもしれないが、ハブの玄人にこそ、この考えの人は多い。そして彼らは同じ過ちを繰り返す。残念ながら、咬まれないと思っていても咬まれる。

私の知り合いのハブ捕りのプロと呼ばれる人たちもガブガブ咬まれていた。「伝説のハブ捕り人」と呼ばれた南竹一郎《みなみたけいちろう》さんも8回ほどハブに咬まれている。私の目の前でもヒメハブに2回咬まれている。

結局、ハブを捕るのが上手かったり、ハブの生態に詳しかったりするのと、その人が咬まれるかどうかとにあまり関係はない。私の40年の経験では、咬まれるか咬まれないかの違いは、不注意よりもむしろ性格によるところが大きい。

ハブ捕りをするような人の多くは楽天的だから、結果的に咬まれる可能性が高い（実際、ハブによる咬傷事故は「ハブ取り扱い中」が農作業中に次いで20％も占める。そして、ハブを捕っていて咬まれた人の中には、真実を白状するのが恥ずかしくて「農業中」と申告した人が間違いなくいるだろう）。

短パンにサンダルで、「咬まれると思っているから咬まれるんだよ」と豪語していた人が咬まれたり、捕まえたハブをビニール袋に入れてリュックサックの中に突っ込んで、ハブが入っているのを忘れて無造作にリュックを開けて咬まれたり。ハブ加工業者に「ハブを持ってきたよ」とハブが入った袋を取り出し、「そんな持ち方したら……」と業者の人が言いかけたら咬まれて救急車で運ばれた人もいた。

「いやー大丈夫だよ、ハブなんてそんなにいないから」と楽天的で大雑把な人ほど咬まれる。本土から遊びに来た人が咬まれないのは過剰といっていいほどに警戒しているからだ。油断大敵、警戒するに越したことはない。

◆咬まれたら、吸って吸って吸いまくれ

そうはいっても咬まれてしまうかもと心配する人もいるはずだ。「咬まれちゃった、どうしよう」とパニックになるのを避けるためにも、本土から奄美に遊びに行く前の心構えとして、「咬まれたときのマニュアル」を知っておきたい人もいるだろう。

まず、医学生が教わる標準的な緊急搬送のガイドラインによると、毒蛇の応急手当は一括りにされている。

咬まれたら何もせずに体を温めて病院に行け。

なぜ体を温めるか。これは凍死したらいけないかららしいのだが、奄美では全く参考にならない。なにせ年間の平均気温は20度を超えるのだ。奄美で凍死する可能性は北極で熱中症に罹

る可能性より低い。

そして、ここまで読んでくれたあなたはおわかりのように、毒蛇といってもいろいろな種類がある。毒の成分も、咬まれたときの危険度も違えば対処法も異なる。治療法についても、ガイドラインでは毒蛇に合った血清を打てとしか書いていない。

だから、あなたがハブに咬まれ、その場に標準的な医学生が居合わせたら、何もせずに体を温められ、病院に搬送される。奄美であろうと同じだ。そして、病院でハブに詳しくない医者に診察されたら、ハブに対して万能薬とは言えない血清を打たれるだけだ。「奄美のお医者さんはみんな詳しいでしょ」と思われるだろうが、そんなことはない。医者が最初の診察を誤ったばかりに後遺症に苦しんだ例は少なくない。


それでは、経験の乏しい医者におかしな治療をされないためにあなたはどうすべきか。

ハブの毒性を覚えているだろうか。ハブの毒は成分が複雑で量も多い。入った毒を全て血清で中和はできない。

だから、まず、毒量を減らす必要がある。とりあえず、洗って吸い出すに限る。腫れてきたら、患部がパンパンになって毒液を外に出すのが難しくなるので、「あっ、咬まれた！」と思ったら、焦らず慌てず、吸い出す。それから１１９番に電話する。

病院に運ばれても、ハブ治療に詳しい医者は同じ対応をするはずだ。咬まれたところを切開して、毒を洗い出して、血清を注射する。後は自然治癒に任せるしかない。最初の数日は患部が腫れて痛いが、1週間程度で日常生活に支障はなくなる。

治療が遅れれば遅れるほど、ハブ毒が作用して回復にも時間がかかる。

最近は治療法も普及してきているが、毒を洗い出さない医者も未だにいる。

私の徳之島の知人は、夜中に寝ているときに家に侵入してきたハブに咬まれてしまった。病院に行ったものの、「あなたは昔、1回咬まれてるから、免疫があるからね」と抗生物質を注射するだけ。慌てたのがこの知人本人だ。私が日頃からハブの治療については、うるさく話していたから夜中に泣きながら電話をかけてきた。「服部さん、ちゃんと治療するように説得して」。

私もそれは危険な対応だなと思って、電話越しに、「切開して、傷口を洗ってから血清を打って下さい」と伝えたが、いかんせんその医者は経験がない。全くわからないから治療の手順を勉強して、ようやく治療に入った際には咬まれてから6時間くらい経っていた。それくらいの時間があればハブ毒は体のあらゆるところに作用してしまう。

その知人が以前に咬まれた際には、日曜日に咬まれて、その週の金曜日には涼しい顔で猟（ハブ獲り）に出ていたが、その時は半年くらいまともに歩けなくなってしまった。いかに初期対応を間違えてはいけないかがわかるだろう。

◆吸っても死なないハブの毒

「その場で吸い出せ」と言われても、どうやって吸い出すんだろうかと疑問に思った人も多いはずだ。

　結論から述べると、口で吸い出すのが最もポピュラーだ。

　一昔前は「ハブ毒を吸い出す時に、虫歯があると歯が全部抜けます」と公然と言われていた。虫歯があったら、吸わない方がいい、もし毒を吸い出したらその場で吐けと文書にまでなって流通していた。

　もちろん、そんなことはない。それどころか、おススメしないがハブ毒はごくりと飲んでも問題ない。

　私は子供向けのハブ対策の啓発講座で「ハブに咬まれた人が周りにいたら吸い出してあげてね」と話すが、子供にしてみれば「毒を吸い出すなんて怖い」と感じるようだ。もっともだろう。大人ですら一昔前は飲むどころか口に含むだけでも危険と警告されていたのだから。

　そうした不安を払拭するためにも少し前まで私は子供たちの前で毒を舐めていた。あるときは歯科医院で抜歯した翌日に「おじさんの歯からは血が出ていますが、大丈夫ですよ」とシャーレに毒を落とし、ペロリとしても問題ない姿を見せていた。

　マングースバスターズ（詳細は201ページ）の隊員向けに勉強会を開いたときにも、シャーレに絞った毒を私が舐めてみせたら、隊員の西真弘さんが残りの毒を「俺も俺も」と飲み干していた。彼はアレルギー性の皮膚炎持ちだから「大丈夫かよ」と眺めていたが、特に何も起きなかった。結果良ければ全てよしといっていいのかはわからないが。

ハブ捕り名人の南竹一郎さんはもっとすごくて、ハブから毒を絞りに絞って、1匹分を飲み干した。なんでそんな飲み方をしたのかは詳しく覚えていないが、飲んだら翌日に胃が焼けるように痛くなったとこぼしていた。

南さんが胃痛になったことと、ハブの毒を人が飲んでも平気なこととは大きく関係がある。ハブの毒がなぜ飲んでも問題ないかは解明されてはいないが、有力な仮説があるのだ。

人間の胃液や腸液を思い浮かべてもらえればわかりやすいだろう。

消化酵素は食べ物を消化するが消化管の粘膜に作用しない。粘液が中和するから、消化酵素は食べ物を溶かしても自分の口の中や胃や腸は溶けない。

ハブ毒も唾液腺が進化した消化酵素だ。だから、ハブ毒を飲み込んでも喉元に刺激を感じるだけで人体に変化は起きないのではないか、と推論を立てられる。

ハブ毒は飲んでも大丈夫だし、皮膚に付いても何も起きないけれども、眼球のように皮膚の下に形成された組織に毒が入ると、つまり目に入ると咬まれた時と同じ症状が起きる。このことも仮説を裏付ける。

とはいえ、人間でも自分の胃の粘膜を自分の胃液が消化してしまってバランスが崩れる場合がある。みなさんもご存じの胃潰瘍だ。南さんがハブ毒を飲んで、胃が痛くなったのも、おそらく胃が炎症を起こしていたのだろう。

南さんは大酒飲みだった。酒が大好きで、飲んでいる人数が多くても私と二人でも、つまり誰とであろうと、焼酎の一升瓶が空になるまで眠らない人だった。ハブ毒をガブ飲みしたことで飲み過ぎによる胃の不調がわかったというわけだ。

◆毒が臭いのか足が臭いのかそれが問題だ

毒の「味」についても少し触れておこう。

ご本人から聞いた話だ。私の前任の林良博先生（左ページ。国立科学博物館前館長、東京大学総合研究博物館元館長。1975年から奄美に5年間勤務）はサンダル、半ズボンが正装だった。休みの日はともかく、平日も研究所にその姿で出勤していた。かくいう私も昭和の時代はエアコンがあまり効かない事情もあり、半ズボンで仕事していたが。ちなみにイラストは私が出会った時のお姿だ。

林先生が恐ろしいのは、ハブを使って実験する時もその格好なのだ。屋外に飼育場をつくって、そこに100匹以上のハブを放し飼いにして、行動を観察していた。うじゃうじゃハブがいる中に短パン、サンダルで突撃である。

屋外飼育場ではベニヤ板で日陰をつくって生態を調べたり、罠を仕掛けて効果を解析したりしていた。あるとき、林先生がベニヤ板をずらしたら、そこにハブがいて、足の指を咬まれてしまった。「なんでこんなところにハブが！」と叫んだらしいが、「それは先生が放したからで

す」としかいいようがない。先生自身、いつもサンダル姿だったが、さすがにこの時にサンダル履きだったことを後に悔いている。

咬まれた林先生を見て、技官の昇《のぼる》善久さんがすぐに毒を吸い出した。昇さんは医科研の奄美病害動物研究施設の技官として現地で採用された方で、私はハブの扱い方や林道の走り方、動物の探し方から現地での人付き合いまで奄美のイロハを教わった。

当然、人が咬まれたときの対処法にも詳しい。昇さんは林先生の足の指から一心不乱に血を吸った。毒があまりに生臭くて気持ち悪くなって吐いてしまったというが、ハブ毒を飲んだ経験のある私からするとそこまで生臭いかなとも思う。ハブ毒の味に私も含め一家言ある人などほとんどいないので、ハブ毒が生臭かったのか、林先生の足が臭かったのかはいまだにはっきりしない。これは先生に直接うかがった話である。

林先生の足の指に刺さったハブの牙は1本で、毒の量が少なかった。昇さんの応急措置後にすぐに病院に運ばれたため、後遺症も残らなかった。だが、かなり痛かったらしく、「酒をしこ

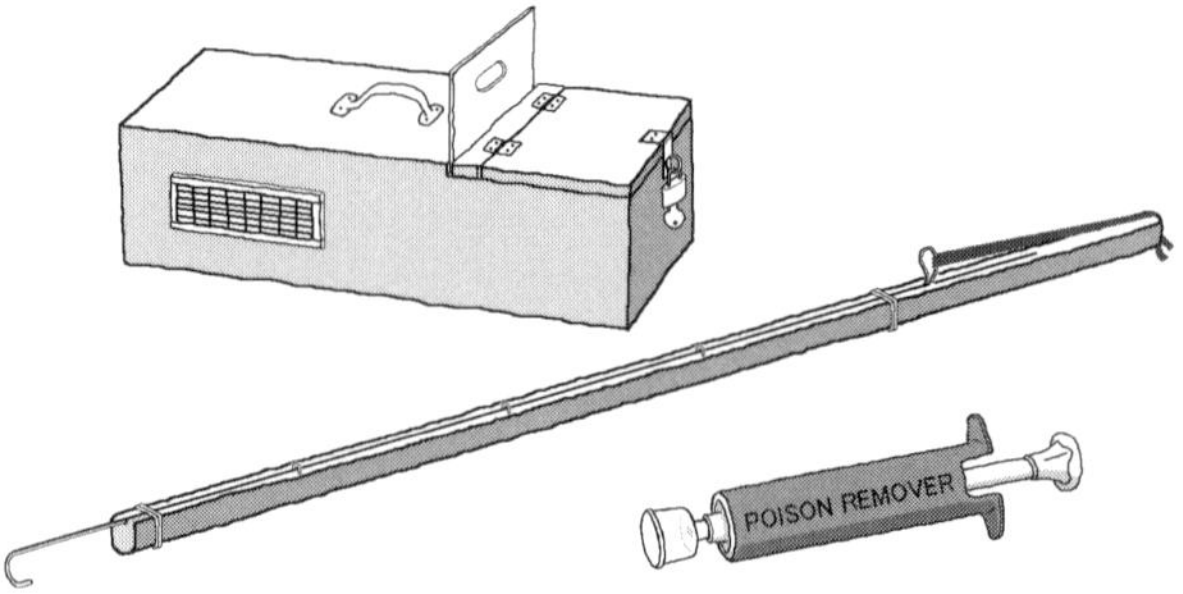

たま飲んで痛みをごまかした」と当時を振り返っている。ハブを研究している東大の教官でも咬まれるわけだから、いくらハブに詳しくても気が緩むと咬まれることがわかるだろう。その日は、東大の偉い先生が咬まれた、と様子を見にくる客が一晩中絶えなかったそうだ。

◆南西諸島での秘密兵器

「周囲にハブに咬まれた人がいたら、足の指でも吸わないといけないのか……」と、ハブとは別の恐怖を感じた人に朗報なのが、ハブ毒吸引器（ポイズン・リムーバー＝上図下）だ。

その名の通り、咬まれた傷口から毒を吸い出す秘密兵器だ。かつては鹿児島県が補助金を出して普及を図ったほどで、今も街中の薬局で普通に陳列されている。

プラスチック製の長さ約12センチ、直径約3センチの円筒形で、3000円前後で手に入れられる。

私は常に持ち歩いていて、目の前でヒメハブに咬まれた人の毒を吸引器で吸い出した経験がある。

毒蛇以外にも有効だ。山歩きをしていて友人がムカデに咬まれてかなり痛がっていたので、傷口を洗い流し、吸引器を使ったら、1時間も経たないうちに咬まれたのを忘れるくらい動きが軽快になっていた。

私は立場上、常に持ち歩いていたが、読者の中には「えっ、そこまでしなくてはいけないの。面倒くさいな」と感じた人もいるだろう。そういう人は奄美を訪れる際には気を付けた方がいい。私の周りでも「吸引器？　そんなん要らない、要らない」と馬鹿にする人ほど咬まれている。これは服部調べで客観的なデータは無いが、やはり油断は大敵なのだ。また、ハブを捕まえたり、押さえこむための棒（ガギ＝右図中央）でひっかけるようにしてハブ専用の箱（右図上）に入れて捕獲することもできる。『ブラタモリ』で訪れたタモリさんも振り回していた。ぜひ活用してほしい。

3　そんな私は島根生まれ、島根育ち

◆別にハブの研究をしたかったわけではない

さて、私の研究仲間についても少し触れたので、私がなぜ奄美に来ることになったのか、40

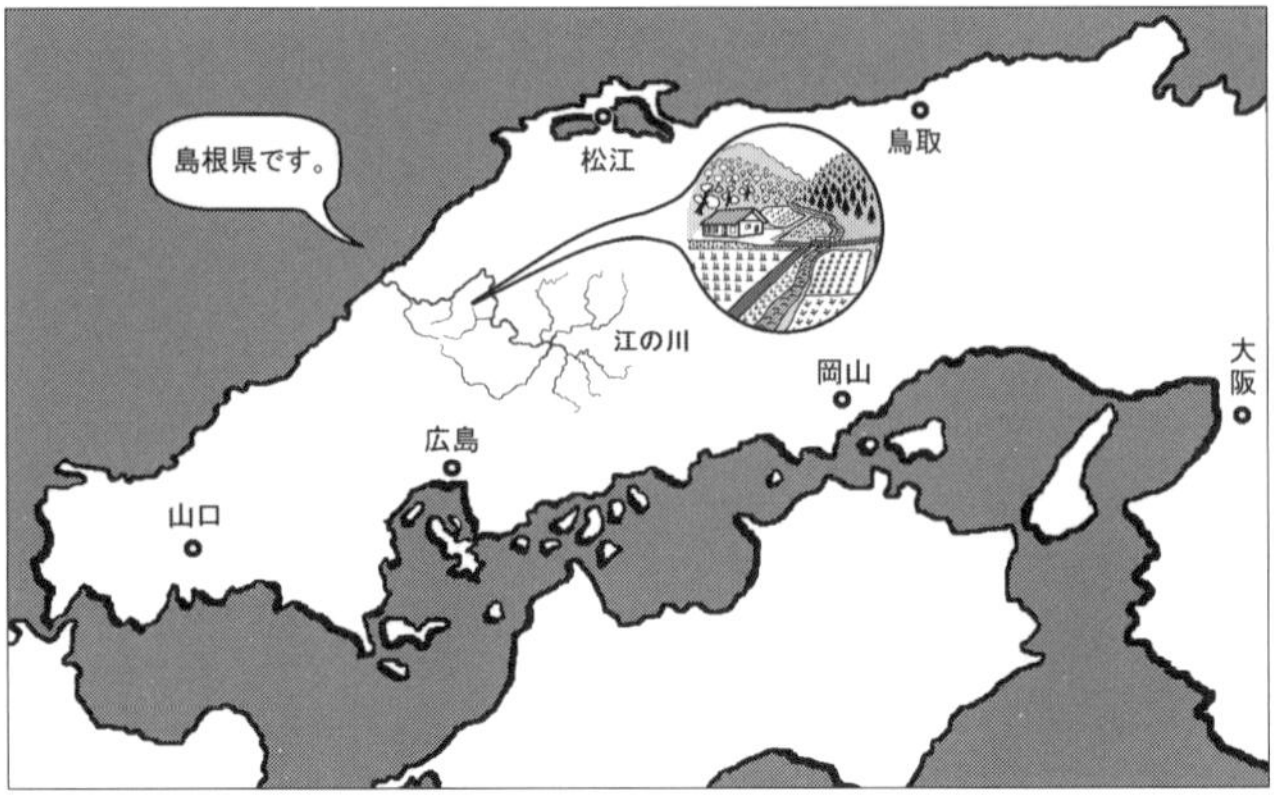

年居続けたかについても改めて話しておこう。

私は1953年に島根県邑智《おおち》郡瑞穂町《みずほちょう》（現邑南町《おおなんちょう》）で生まれた。そう書いても多くの人には全くどこだかわからないはずだ。ひとことでいえば、島根の山奥だ。電気は届いていたが、電気用具は裸電球と真空管ラジオだけ。1964年の東京オリンピック開催に向け、3C（カラーテレビ、クーラー、カーの頭文字）の普及が進んだが、島根の山奥とは無縁だった。私が生まれてからの10年間で我が家に増えた電化製品は農機具などを動かすためのモーターだけだった。

そのような山の中だから、遊び相手はどこまでも雄大な自然だ。川か山で日が暮れるまで毎日を過ごした。川では魚を釣っては焼いて食べた。魚の種類こそ少なかったが、今となっては珍しいオヤニラミやアカザがそこら中を泳いでいた。オオサンショウウオ（左ページ）もいた。今では大声ではいえないが、捕まえては食べていた。

子供は無邪気だ。オオサンショウウオだろうが魚だろうが、何も知らないから、とりあえず食べてしまう。

どのように食べたか。たき火して、その中にオオサンショウウオをまず投げ込む。焼き魚ならぬ「焼きオオサンショウウオ」だ。ただ、オオサンショウウオの場合、投げ込んで終わりではない。投げ込むと、熱いから歩いて出てくる。だから、また、投げ込む。何度か繰り返していると、出てこなくなる。今考えると残酷極まりないが、当時はそれが当たり前だった。

しばらく焼いて、皮を洗い、剝《は》ぎ、内臓を捨てる。肉の部分に塩胡椒をかけて食べる。これが絶品だった。

味はカエルに近い。といっても、多くの人はカエルもそれほど食べないだろうから全く想像できないかもしれない（私もそう何度も食べたわけではないが）。筋肉がきめ細かく、パサつかない。ジューシーな鶏肉といったらイメージできるだろうか。

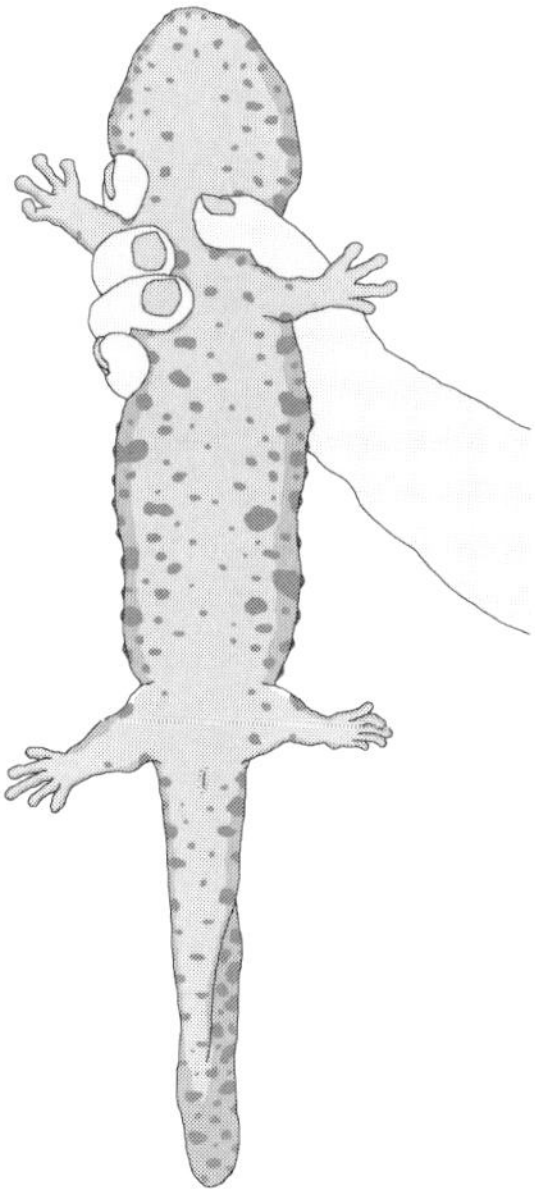

こんな呑気なことを言っていたら怒られそうだが、事実だからしかたがない。

なぜ食べたんですかと聞かれても、そこにオオサンショウウオがいたからだ。開き直っているわけでなく、昭和

30年代の田舎の山奥の子供たちが天然記念物など知るわけがない。

だが、天網恢々疎《てんもうかいかい》にして漏らさず。私たち子供たちが「焼きオオサンショウウオ」を楽しんでいたことは、思わぬ形で露見する。

小学校中学年の頃だったか。世の中が東京オリンピックに向けて盛り上がり始めていたある日、校長室に呼び出された。それまで校長先生に呼ばれることなどなかったので、「褒められることを何かしたかな」と能天気に向かうと、「服部君、昨日、君はオオサンショウウオを焼いて食べただろ」と聞かれた。

無知は怖い。「焼きサンショウウオ」が禁じられた行為とは知らない服部君は褒められたのかと思い、「はい！」と元気よく答えたのはいうまでもない。校長先生に諭されて、初めて特別天然記念物という概念を知ったわけだ。

なぜ私がオオサンショウウオを前日に焼いて食べたのがバレたのか。後に知ったが、呼び出しの前日に一緒に食べた仲間は皆、腹痛で学校を休んでいた。仲間たちもそれが食べてはいけないものだと知らないから、痛みに耐えながら「オオサンショウウオを食べたのがいけなかったのかも」と親に話し、露見したというわけだ。

両生類や爬虫類はサルモネラ菌を持ちやすい生き物だ。焼いた上で皮を剝いで食べたとは言え、衛生意識も高くない子供だけにそろって食あたりになってしまったのだろう。なぜ私だけ腹痛にならなかったかはわからない。もしかしたら私にとっては常在菌だったのかもしれない。

ちなみに、それからオオサンショウウオは食べていない。

川の中だけでなく、生き物はたくさんいた。小さい頃、魚以上に夢中になったのが昆虫だ。家族に昆虫好きがいるわけでもなかったが、生家には昆虫図鑑が2冊あった。それを眺めていたら保育園に通い始める頃には昆虫博士になっていた。

家の周りは田んぼだらけ。ゲンゴロウやタイコウチ、コオイムシ、マツモムシなど図鑑の中の昆虫がそこらを泳いでいる。それでますます興味を持ち、詳しくなったが、周囲からは不思議がられた。山奥で昆虫がいるのが日常の光景なので、珍しくも何ともないものになぜそんなに興味を持つのかと。

◆生き物が気持ち悪い思春期

生まれた環境が今の生き物好きの原点に間違いないが、人生は平坦《へいたん》ではない。子供の頃の趣味に大人になるまで絶えず情熱を燃やせる人は幸せだ。

昆虫採集に凝り、虫を捕まえては殺すを繰り返した反動か、私は中学生になると虫の死体を一切受け付けなくなってしまった。今でも覚えているが、羽化し損ねたセミが飛ぼうとするも飛べず、庭でもがいている姿を見て鳥肌が立った。

「なんて気持ち悪い光景だ」。オオサンショウウオを焼き殺していた人間が何を言っているのだという感じだが、「これはもう無理だ」と虫どころか気づけば生き物全般を受け付けなくなっていた。

そうして、それまでの生き物大好き少年が一転、中学校では技術家庭科クラブに入部することになる。模型や電子工作に夢中になった。この時、細かな作業に取り組んだことが手先の器用さを磨き、後の研究に役立つが、当時は生き物に回帰するとは、そして自分が獣医になるなどとは夢にも思わなかった。

地元の浜田高校に入学すると、同級生の女子に誘われて生物部に入部し、再び生き物と触れ合う。思えばこの時の部活の選択が、今の職業につながっている。とはいえ、蝶の標本をつくろうとしても、怖くて蝶を殺せない。気持ち悪くてたまらない。それならば入部しなければいいのだが、やはり根っからの生き物好きだったのだろう。女子に蝶を殺してもらって、死んだ蝶に針を通して展翅《てんし》していた。1年間はこうしたリハビリが続いた。

中学3年間のブランクはあったが、また高校からは元通り。振り返れば、生まれてから常に生き物が隣りにいた。東京大学に進学し、大学のサークルは生物学研究会に入った。課外活動に熱心になりすぎたせいか、誰に頼まれたわけでもないのに、学部に8年も在籍してしまう。さすがに途中からこれはヤバいと心を入れ替え、勉学に励み、いつのまにか模範生となっていた。

◆大学8年生、奄美を目指す

養老孟司先生を知ったのもこの頃だ。獣医の課程に進むと解剖の研究室を選ばなければいけない。養老先生はその頃、医学部の助手だったので直接の関わりはなかったが、すでに学内では有名人だった。もちろん、こちらが一方的に知っていただけで、実際に会話を交わすのは約10年後。薬学の専門家である齋藤洋先生に「養老先生も一緒に行くから」と誘われ、食虫類（モグラ・トガリネズミ・ハリネズミなど、虫を主食とする哺乳類）を台湾に採りに行ったのがきっかけだった。

先生は虫好きで知られるが、ご自身も若い頃から本の虫だった。台湾に行く前に研究室にお邪魔したときに、読みかけの本が開いたまま至る所に積んであったので驚いた。机や大きなテーブルに開いたままの本が山積みになっている。私からすると、散らかっているようにしか見えないが、養老先生はどこに何の本があり、どのページまで読んでいるかを全て把握している。

読書に関する養老先生の伝説は多い。歩きながらも本を読み、トイレにも読みながら入り、隣りに弟子がいても気づかず、そのまま読みながら出て行ったという逸話があるほど常に本を読んでいた。なにしろご自身でも東大図書館の広報誌に「自分はどこでも本を読む」と書いていた。借りてきた本を電車の中でも読むし、歩きながらでも読むし、風呂の中でも読むと。借りた本を風呂で読んだらダメだろうと思ったが、あの部屋を見れば実際に読んでいるなと納得した。

話を戻すと、私は心を入れ替え、8年生ながら優等生になっていた。ある日、所属する研究室の望月公子《こうし》教授が就職話を持ってきた。私があまりにも優秀な学生だったからか、通常のルートより4年も遠回りしている学生にはまともな就職先はないから可哀想に思ったのか、いまとなってはわからないが、「服部君に向いているところがあるぞ」といわれ、聞いてみると、それが奄美大島だという。

奄美大島と聞いても「奄美か。南だな」くらいの感想しか浮かばなかった。行ったこともなければ地縁も当然ない。それまで訪れた最も南の地は、鹿児島県北西部で鶴の渡来地として知られる出水《いずみ》市だった。私と奄美の関係性をあえて見いだすならば、奄美群島が日本に復帰した1953年に私が生まれたことくらいだ。


もちろん、生き物好きだったので、図鑑を読んで南西諸島には本土とは異なる生き物が存在するのは知っていた。数年くらい行くのも面白いかなと考えて、どうすれば行けますかと教授に聞くと、「とりあえず大学院に行け」と助言をいただいた。

「すでに4年も長く学部にいるのに、この上、大学院か。あと何年、大学にいなければいけないのだろうか……」と思いながらも、進学を決めた。現実的に他に選択肢が浮かばなかったのだ。

転機は意外に早く訪れた。大学院に進学して3ヶ月後の7月の終わりに望月教授から「履歴書を出せ」と話を振られた。

おお、意外に早く奄美に行けるぞと興奮を覚える一方で、愕然とした。

履歴が無いのだ。

発表論文がないどころか、書けることといえば、留年、留年、また留年、そのまた留年で進学して今に至るだ。そもそも、留年って書けるのか、書くべきなのか。とはいえ、出さなければば何も始まらないので出したら、9月から東京大学医科学研究所の助手に採用された。トントン拍子過ぎて怖かった。

◆ハブの研究を手伝っていたら、誰もいなくなった

それから3ヶ月、医科研の寄生虫部での研修を経て、12月から奄美での研究生活が始まった。1980年の12月だ。

私の経歴からすると、ここからハブの研究に没頭したと思われがちだが、当初は寄生虫や実験動物の生態について研究していたのだ。リスザルの繁殖やワタセジネズミなど食虫類が実験動物として使えないか試行錯誤していた。ハブの研究は、私の前任の林良博先生が国土庁（現国土交通省）の予算で手がけていた実験の人手が足りず、手伝ったのがきっかけで始まった。その実験を手伝いながら、徳之島でワタセジネズミやその仲間のジャコウネズミを採取していくことになる。

もちろん、赴任当初は40年もいるとは思っていない。当たり前だ。医科研の通常の異動は4〜5年のサイクルだったし、奄美に赴任した先輩たちももれなくそのサイクルに乗っている。私も5年後には何か別の研究を始めるのかなと漠然と考えていた。

それが、だ。言われるがままに仕事を手伝っていたら、周りの先生はみんな偉くなってしまって、1990年頃には「後はよろしくね」と言われ、二つ返事で受けていたらなぜか多くの

仕事を引き継いでいた。

同じ頃に環境庁（現環境省）やＷＷＦ（世界自然保護基金）関係の自然調査も増え、いろいろな人が訪ねてきて、その対応にも追われるようになった。「なんで断らないの」と指摘されそうだが、先方にしてみれば、私以外に選択肢がない。奄美大島には、大学の施設としては医科研しかないので、調査したい人は情報を求めて私のところに相談に訪れる。

そのうち、奄美を訪れた彼らが何かのプロジェクトを本土で始めるとなると、「服部さん、委員をやってくれませんか」と頼まれ、ますます奄美を離れにくくなる。

おそらく、医科研の偉い人たちも気づいていたと思う。「服部を奄美に置いておくと便利だな」と。何でも引き受けてくれるし、勝手に問題を見つけては対応してくれる。だったら、もう少し服部にいてもらおうと。それで、もう少し、もうちょっとの積み重ねが40年になったわけだ。

4　ハブを捕って生活できるのか

◆奄美のハブハンターたち

島を調査で訪れた人たちにはいろいろなことを聞かれたが、結局、みんな口を揃えて聞くのは「ハブを捕まえて生計を立てている人っているんですか」、「ハブって効率的に捕獲できないんですか」、「ハブに咬まれないためにはどうすればいいんですか」。

ひとつひとつ答えていこう。

観光客にとってもハブは怖いだろうが、奄美の人はとりわけハブを恐れる。それは古くからのハブにまつわる言い伝えを幼少期から聞かされている人が多くいたり、家系図を辿れば誰かがハブの被害に遭っていたりするからだろう。

私が週末に山にばかり行っていると、「よく、山なんかに毎週行くね」と呆れられたことは書いた通りで、かたくなに山に入らなかったり、夜間外出を控えたり、という現地の人はそれなりにいる。だからこそ、本書の冒頭でも述べたように自然が多く残っているともいえるのだが、果敢にも山に自ら入り、ハブと向き合う人もいる。

「奄美の人はハブを捕まえて生計を立てている」、「奄美にはハブの賞金ハンターがいるらしい」。こんな話を聞いたことがある人もいるだろう。これらは正しくもあり、間違ってもいる。

確かに、奄美大島や徳之島にはハブ捕り人と呼ばれる人は存在する。私も研究を手伝ってもらうなどお世話になったし、情報も日常的に交換した。ただ、彼らがハブを捕っているだけで暮らせるかと聞かれると「不可能ではないが極めて難しい」というのが正直なところだ。

奄美大島や徳之島では集落や畑でハブに咬まれる被害を減らすため、捕獲したハブを自治体が買い上げる制度がある。この制度は古く、江戸時代末期から買い上げの記録は残っている。2023年現在は自治体が1匹3000円で買い取っている。

かつては4000円や5000円の時代もあったが、1匹3000円で試算すれば、1000匹捕まえて300万円。奄美は物価も安いし、お金もかからないので暮らしてはいけるが、贅沢な暮らしはできない。

それに、当然だが、この報奨金には税金もかかる。額が大きくなれば、申告しなければいけない。

買い上げ価格が5000円の時代に、名瀬市の飲み屋で「去年、200匹、ハブを捕った」と大声で叫んで自慢している人がいたという話を保健所の人に聞いた。単純計算すれば100万円の副業収入になるが、それを運悪く店内にいた税務署職員に聞かれてしまった。後日、100万円分の申告漏れを当然のように指摘され、当人は真っ青になったとかならなかったとか。「税務署員がたまたま居合わせるわけがない」、「そんなわずかの額に課税をわざわざするのか」など突っ込みどころも多く、真偽は不明だが、この手の話は広く伝わっている。その証拠に、ハブ捕り人の多くは何百匹捕ったかはっきり言わない。「数えてないよね」とみんな口を揃える。ハブ捕り名人の南さんも「わからないな」とよく言っていた。壁に耳あり障子に目ありで税金を恐れてなのか、本当に覚えていないのかはわからないが。

ただ、数えられないほどのハブを捕まえるのは簡単ではない。年1000匹捕まえて300

万円と試算したが、年1000匹捕まえるには、1ヶ月で80〜90匹は捕らなければいけない。休みなく働いて、1日に3匹弱捕まえなければ実現できない。時間的に、このハードルはかなり高くなる。10匹近く捕まえられる日もあれば空振りが続く日もある。私と仲の良いハブ捕り人たちの中には年500匹以上捕っている人もいるが、それは「あの人はハブ捕りの名人」と誰もが認める人たちだ。同時代に何人も年500匹級のハブ捕り人がいた記憶もない。それほど希有な存在なのだ。

徳之島に年間に最多で800匹捕まえる人がいたが、それでも1匹3000円換算では年240万円。500匹だと150万円にしかならず、専業だと厳しい。ハブ捕りで食っている人はいるが、ハブを捕っているだけではない。ハブ捕りを中心にしながら、ガイドや小規模な農業を兼業して生活している人が多いのが実態だ。私も彼らには大変お世話になっていたので、島外から来た研究者の調査の手伝いやメディアの取材の案内、お金持ちの昆虫マニアのためのガイドなどの仕事を紹介していた。

◆山下清のようなスナイパー、南さん

奄美のハブ捕り名人といえば、前述した南竹一郎さんだ。彼は文字通り名人で、小説家の吉村昭が、南さんをモデルにした短編を書いているほどだ。「光る鱗」（『鯨の絵巻』所収）という作品で、小説では、アセチレンガスを燃料にしたランプでハブを見つけ、炭ばさみでハブの首

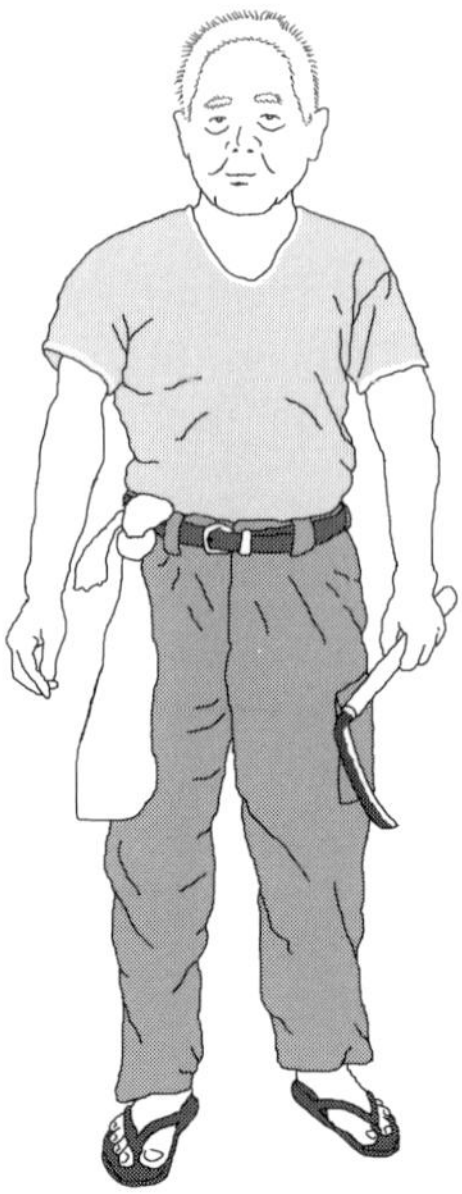

を挟み付ける様子が描かれている。実際、南さんはハブ捕りの標準道具である先端にかぎが付いた長さ約1・5メートルの棒（ガギ）を使わず、長さ数十センチの炭ばさみを使っていた。これだけ見ても、いかにハブの動きを知り尽くしていたかがわかるだろう。炭ばさみは子ハブやヒメハブを捕まえるときに使い、大きめのハブを見つけるとそのあたりの木の枝を切り落として杖を作り、それで頭を押さえて捕まえていた。南さんの指はハブに何回か咬まれて変形していて、小さなハブをつかむのは難しいとこぼしていた。

戦時中は召集され、旧日本陸軍の台湾軍に入ったのち南方戦線に転戦し、ティモール島で終戦を迎えたという。軍では狙撃兵だったというから当時からスナイパーだったのだが、失礼ながらとても狙撃兵にもハブ捕り人にも見えない風貌だった。半袖、サンダルで山の中を歩き回り、動きも緩やかだ。ハブを見つけると「おったや〜」と優しく穏やかに話す。子供の時から京都の呉服問屋に丁稚《でっち》に出ていたと話されていたので、そのころに身に付けられた振る舞いかもしれない。

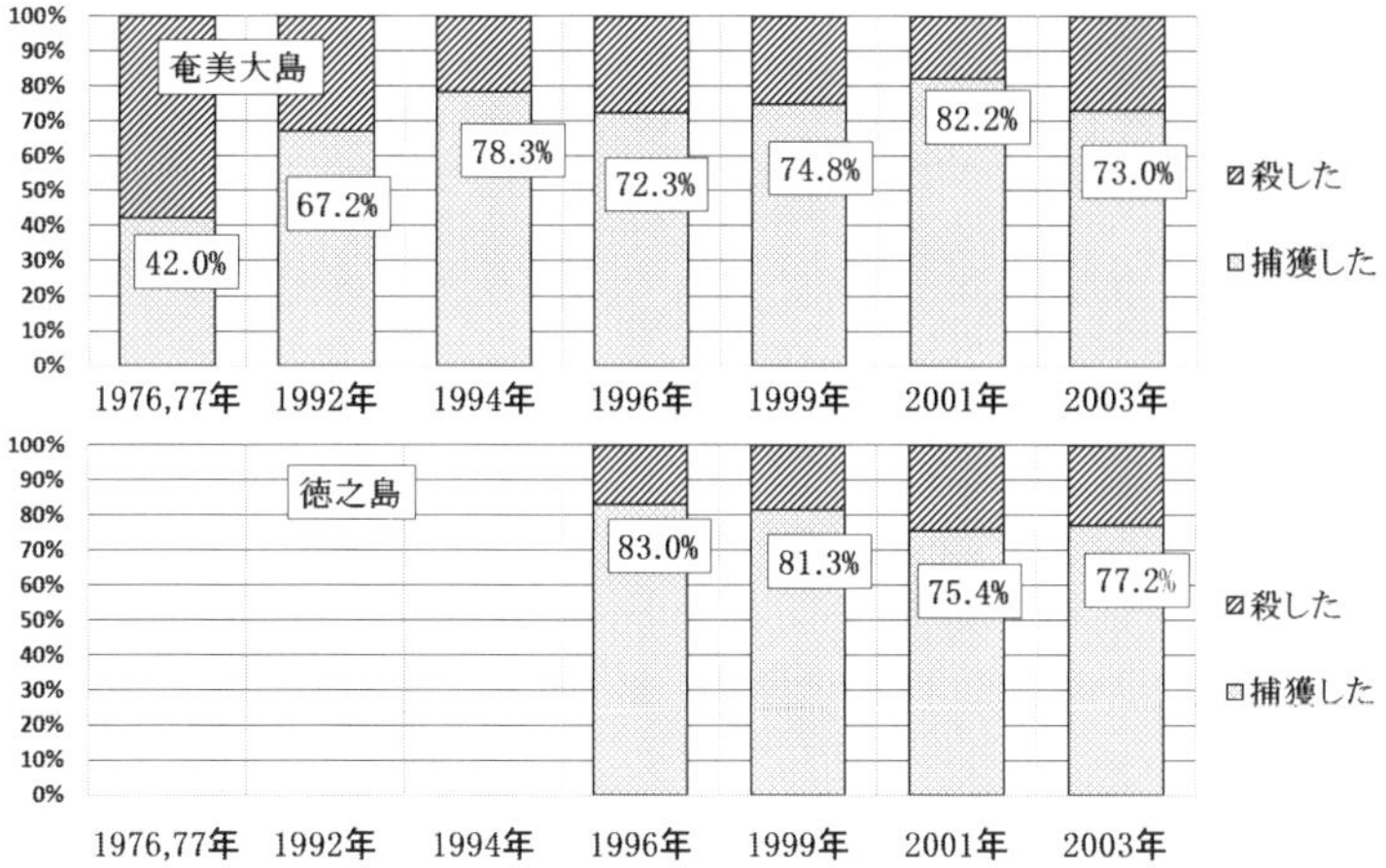

この南さんに本土の研究者は頼っていた。ハブの研究事業でも前任の林良博先生の時代から１９９６年に亡くなるまで協力していただいた。世界自然遺産登録の話題が出る前から奄美の自然を本土に知らせた立役者ともいえるだろう。

◆マクロ経済に連動するハブ捕り

南さんのようにハブ捕りを生活の中心に置く人は多くないが、アルバイト感覚で手がける人は一定数いる。

私は研究の一環として「地元の人はハブを見かけたらどう対応するのか」を調べたことがある。ハブが目の前にいきなり現れたら、殺すのか、何もしないのか、役場に持って行くのか。１９９２年から２００３年までの間に6回にわたってアンケート調査をした（１９９２、94年の2回は奄美大島のみ、それ以降の4回は奄美大島、徳之島両島の全ての地区で実施）。

これは1976、77年に林良博先生が奄美大島で実施した調査を引き継いだ形だ。

林先生の調査時では、ハブを見かけて何かアクションをした人の内訳は「捕獲した」が42％に対し、「殺した」が58％。私たちが調査を始めた92年では「捕獲した」が67・2％、「殺した」が32・8％と逆転していた。

最後の調査になった2003年時の回答数は、奄美大島が4478世帯、徳之島が1980世帯。回答者が遭遇したハブの数は1万492匹で、捕獲したハブの4901匹に対して殺したハブは1246匹。逃げてしまったハブを除くと70％以上のハブを生きたまま捕獲していることがわかった。

四半世紀で「捕獲した」割合が約4割から7割に増えたわけだが、これは奄美の人が年々穏やかになったわけでも、動物愛護に目覚めたわけでもない。

この大きな構造変化の原因はお金である。いつの時代もお金は人を動かす大きな動機になる。私が調査を始めた1992年は買い上げ価格が過去最高額の5000円に値上げされたタイミングだったのだ。「殺した」よりも「捕獲した」が明らかに多かっただけでなく、買い上げ総数も如実に増えている。つまり、主に換金目的で殺さずに捕獲する習慣が根付き始めた年とも言える。

これを裏付けるように、その後もハブの買い上げ数は買い上げ価格と連動している。

1980年代後半からの段階的な値上げに伴い、買い上げ数も右肩上がりになる。2005

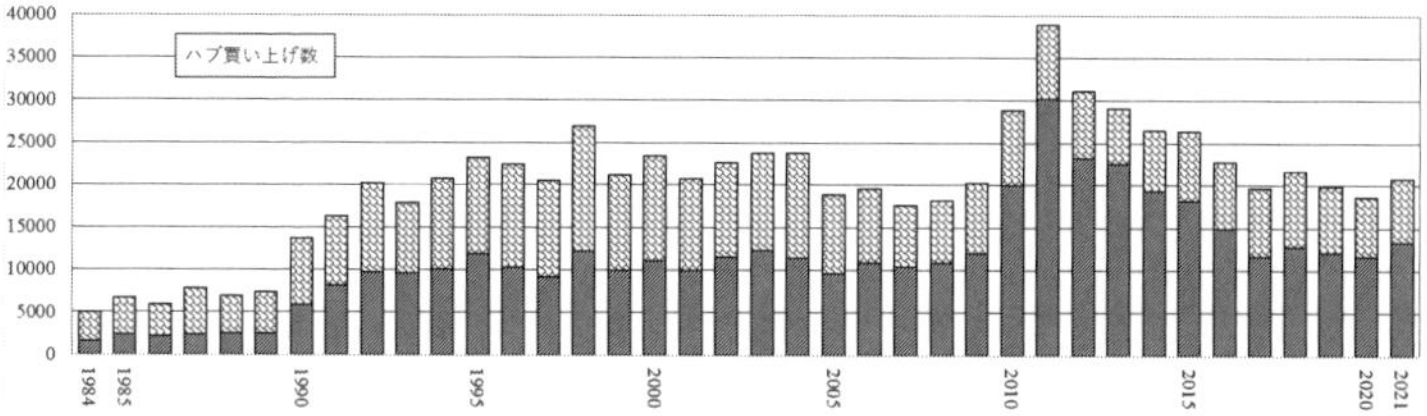

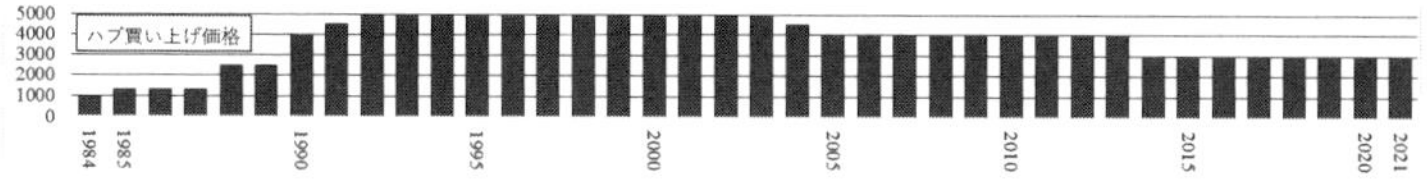

年に買い上げ価格が５０００円から４０００円に値下げされると、買い上げ数も減少を辿る。

２００４年以降は予算の関係で全ての地区での調査が難しくなったため、アンケート調査を実施していないが、捕まえずに殺してしまう人が増えた可能性が高い。経済的動機の魅力が減れば行動も変わるものだ。

買い上げ総数を眺めていると、２０１０年、２０１１年に急伸しているのがわかる。買い上げ価格は４０００円で変わらないものの、２０１１年は09年に比べて2倍近くになっている。

インタビューやアンケートを実施していないので因果関係の断定はできないが、この急増は景気の影響が大きそうだ。コロナショックの影響の大きさで記憶が薄れているかもしれないが、２００９年はあのリーマンショックが起きた翌年だ。米国発の金融危機をきっかけとする世界的な景気後退の波は奄美にも押し寄せた。この時期は奄美でも職を失った若者が急増していた。職は無くても食べていかなければいけない。どうするか。

思い返せば、役場の人も「若い人はみんな仕事がないから、ハブ捕ってるんだよ。咬まれるのが怖くないのかね」と言っていた。そうだ、ハブ捕りに行こう！とどれほどの若者が思い立ったかは定かではないが、生活資金の足しに小遣い稼ぎでハブ捕りを始めた若者が現れたと考えると、不可解な買い上げ数の急増が説明できる。

実際、この頃に「役場にものすごい数のハブが持ち込まれている」と耳にして、見に行ったことがある。

私が役場を訪れたのが月曜日だったこともあるだろう。金曜の夜から土曜、日曜とハブ捕りに励んだ戦果として、20～30匹を持参する人も少なくなかった。

驚いたのが年代構成だ。それまでハブを積極的に捕って役場に持ってくる人は50代以上がほとんどだった。40代だと「君、若いのにハブなんて捕ってどうしたの」と不思議がられる世界だったのだ。それが20～30代が多く、中には10代もいた。男性だけでなく、女性も目立った。

私がハブを20匹くらい持っていた女性に「こんなに誰が捕ったんですか」と話しかけたら、「いや、旦那が……」と答えられたが、その女性のハブの取り扱い方が明らかに素人ではない。車の中から、全く怖がらずにハブが入った箱を取り出して、持ち歩いて、平気な顔で蓋をあける。本土の人は、現地の人なら誰でもハブを扱えると誤解しているが、慣れている人と慣れていない人、怖がって近づきもしない人がいる。この女性は間違いなく慣れていて、「捕ったのあなたでしょ」と丸わかりだった。

話を聞くと、保育園に子供を送りに来たついでに、ハブも降ろしにきたらしい。ハブ捕りが生活の一部に組み込まれていたわけだ。

２０１０、11年の2年は突出して多かったハブの買い上げ総数だが、その後も２００９年以前と比べると高い水準で推移している。そして、買い上げの数だけでなく、ハブ捕りの現場の光景も２００９年を境に大きく変わった。

◈ハブ捕りの世界にもＩＴの波

「今年は捕れないね……」。突出して買い上げ数が増えた２０１０年頃、昔から付き合いのあるハブ捕り人がぼやいていた。この年は前年に比べると買い取り総数は１・５倍程度に増えているが、ベテランの域に達しているはずの彼は全く捕れないという。理由が思い当たらず困惑している顔が印象的だった。これまで見てきたように、この頃ハブ捕り人が増えていた。ベテランの彼が捕れない理由を「職にあぶれた若い人たちが市場に参入して競争が激化した」と考えるとわかりやすいが、私なりにいろいろ調べているとまた違う理由が浮かび上がった。

前述した「ハブに遭遇したらどう対応するか」の調査と併行して、私はハブの大きさを計測する調査を１９９２年から実施していた。

毎年6月、奄美大島で捕獲されたハブの全個体を炭酸ガス麻酔で安楽死させ、全長、頭胴長（尻尾まで含まない長さ＝体長）、体重、性別、呑み込んだ餌の有無、受精卵の有無などの個体情報を記録し、蓄積するのだ。

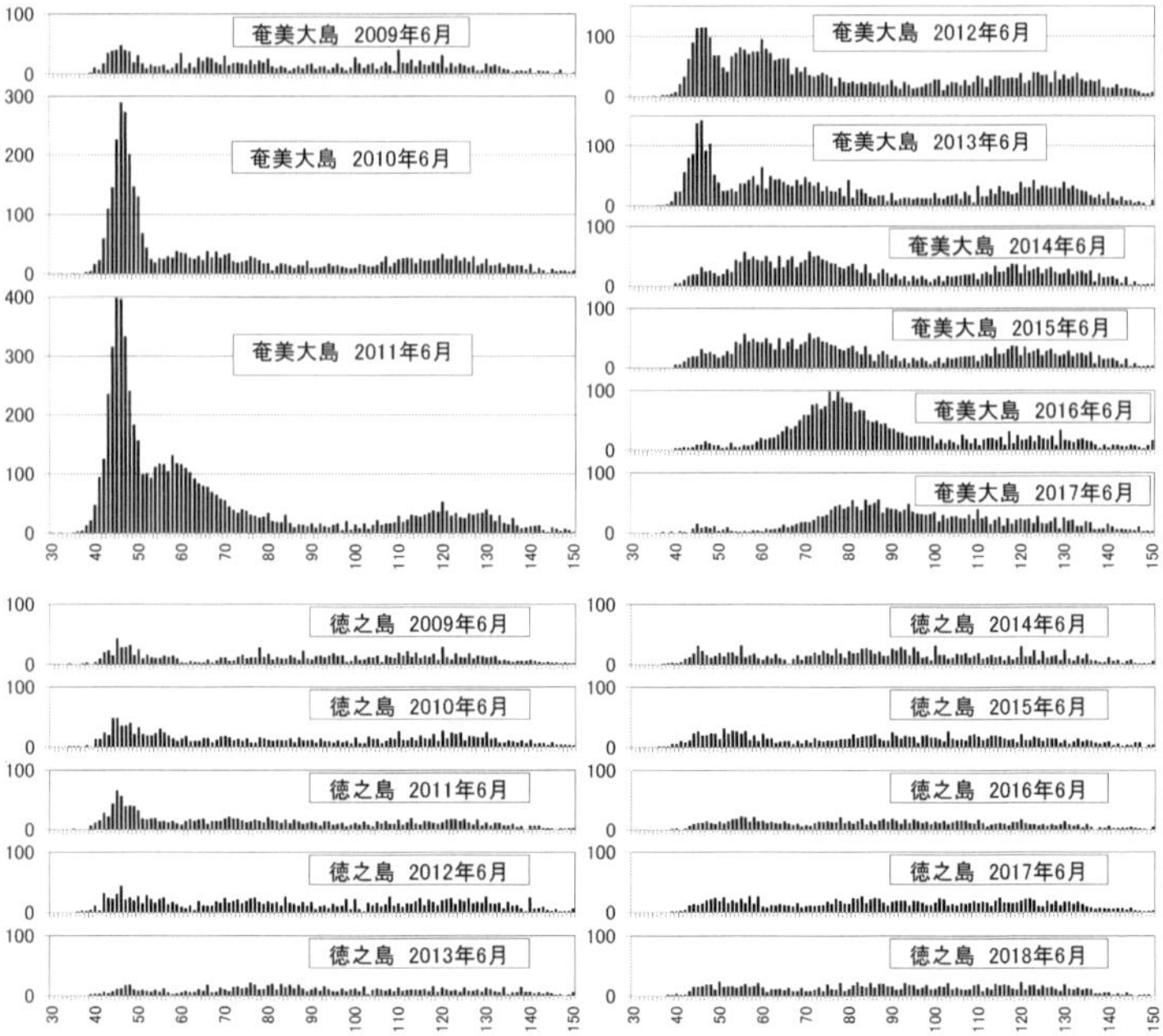

上のグラフは大きさの分布図で横軸が頭胴長（1センチメートル単位）、縦軸がハブの個体数になっている。一目見て明らかなように、2010年に突如小さなハブ（以下子ハブ）が増える。調査ミスかと思われるくらいに50センチ以下に大きな山ができている。このサイズは生まれて1年経っていないハブだ。

ハブは7月に産卵し、8月後半から9月前半に孵化する。孵化する時期が限られるので、翌年の6月時点でも前年に生まれたハブは識別できる。

2010年に突如子ハブの集団が増えた理由として間違いないのは、若い人たちが小さいハブを捕りまくったことだ。私が役場で見かけた若い人たちも小さいハブばかりを箱に詰めていた。

私は旧世代の南さんのような名人と呼ばれるハブ捕り人たちとよく行動をともにした。彼らは山の中で常に下を向いて歩いていた。どうして下ばかり見ているのかと尋ねるとハブを探しているという。当時、奄美大島ではハブはめったに木に登らないと言われていた。だから、夜、ハブ捕りに山に入っても自分の周囲の一坪くらいを明かりで照らして、下だけを見て進む。

そうした姿を見ていたから、新世代のハブ捕り人たちと歩いて驚いた。彼らは上ばかり見ている。どこを見ているかというと、みんな木の上をチェックしている。下はほとんど見ない。それほどいるかなと思って一緒に木を眺めていると、子ハブはもちろん、大きいハブも木の上にいる場合が結構多い。

新鮮だった。今まで木の上にいたのに気づかなかったのか、ハブの習性が変わったのかは分からないが、間違いなく木の上にもハブがいる。インターネットの普及もあって、こうした情報が若者の間で瞬く間に行き渡り、「ハブを捕るならば木の上を探せ」が今ではスタンダードになりつつある。

ハブがどこにいるかを思い出してほしい。山よりも農地や集落に多い。特に子ハブは餌の関係で、集落の周りや耕作地にしかいない。昔のハブ捕り人は、集落は少しだけ見て、あとは山道を車で走って探す。山の中のハブは大半が大きな個体なので、結果的に大きなハブを捕まえることになる。「大きくなければハブではない。子ハブはハブではない」などとワイルドな思想を持っているわけではなく、探し方からして子ハブに遭遇する確率が低い。

対照的に、新世代の若者は集落の裏の耕作地をしつこく探す。車で走るときも車にライトを取り付けて、上向きに照らす。誰がどう見ても道路交通法違反だが、木の枝や耕作地の斜面などが見えやすくなる。一昔前まではライトを取り付けても、地面を明るく照らすようにしていたが、今は上を照らすハブ捕り人が多い。

もちろん、子ハブ以外を見つけることもあるが、彼らは大きなハブは捕まえない場合が多い。「子ハブは怖くないけど、大きなハブは怖くて捕まえられない」などの理由ではない。「4000円になるのにもったいない」と思うだろうが、彼らにしてみれば大きなハブを捕まえるのは効率が悪いのだ。

ハブの買い上げ価格に大きさは関係ない。芸能人がマグロを釣るのとは話が違う。1メートル50センチのハブを捕まえようが30センチのハブだろうが1匹は1匹。4000円で買い取られるのに変わりないのだから、大きなハブを積極的に捕まえる意味はない。

箱の大きさも限られているのだから、大きなハブを捕まえると数を確保できない。箱も重くなるし、メリットが無いどころかマイナスなのだ。

時代が変わればハブの捕り方も変わる。世界的な金融危機がハブ捕りの方法まで変えたとは、ウォール街も知らないだろう。

◆戦跡はハブがいっぱい

ハブに思いがけない場で出会ったことがある。街を歩いていても、山を歩いていても、目につく戦跡でだ。

大島本島と加計呂麻島の間にある大島海峡は日清戦争の後に台湾航路の要衝とされ、中継基地として施設がつくられはじめる。太平洋上の第一線の防衛地としての存在感が高まり、１９２３年に大島要塞司令部が開かれると部隊が本格的に駐屯して応戦体制が整う。太平洋戦争末期には本土を守る最前線の基地として、戦局に合わせて砲台や給水ダムなどの施設が整備された。作家の島尾敏雄（１９１７〜１９８６）が、特攻艇部隊の隊長を務めた加計呂麻島・呑之浦《のみのうら》の第18震洋隊の格納壕は特に有名だ。ちなみに、島尾は、横浜生まれ、九州帝国大学を卒業後に志願し、この地に赴任した。１９４５年8月13日に発動命令が下ったが、発進命令がないまま15日の敗戦を迎えた。後に加計呂麻で出会ったミホと結婚する。夫婦関係を描いた小説『死《し》の棘《とげ》』などで有名だ。

海峡全域に部隊は広がり、その足跡が残るが、特に奄美大島南部の瀬戸内町には多くの部隊が配備された経緯もあり、今でも２００以上の戦跡が確認できる。

瀬戸内町の油井岳《ゆいだけ》の山中には防空壕などのほかに、落とし穴のような穴が多数見られる。１メートル四方で深さは１メートルほどの謎の穴だ。

瀬戸内の山中にはシシアナと呼ばれたイノシシの落とし穴の跡が多数ある。周囲に木の枝で垣根をつくってそこしか通れないようにして、穴に落とす仕掛けだ（山の中から集落まではかなり距離があり、獲物をどうやって運んだのかはいまだに不思議だ）。この謎の穴はシシアナかと、初めて見たときには思ったが、シシアナは深さが2メートルくらいある。どうやらそれとは違うようだが、さっぱり目的がわからなかった。

謎の穴として認識していたが、徳之島でハブの調査に協力してくれていたオジサンが正体を教えてくれた。スナイパーが隠れる穴だったのだ。

謎の穴の話になったときにオジサンが「俺は終戦間際の古仁屋《こにや》の山の中で、来る日も来る日も穴を掘らされ続けた」と話してくれた。穴はタコツボと呼ばれ、狙撃手がその穴に隠れて、上陸してきた米兵を狙撃する目的で掘られたという。

瀬戸内町の戦跡は海軍と陸軍が同地点に配備された数少ない地域でもあり、軍事マニアにはたまらないだろう。重要拠点であったため、明治から昭和まで時代ごとの最高水準の建造物が残っている。特に大正時代の建物の多くは戦費にも余裕があったのか朽ちずに当時の厳かな姿を今に伝えている。

戦争の語り部たちの大半が鬼籍に入った今、これらの戦跡は戦争を後世に伝える「歴史の証人」としての重要性を増すだろう。

奄美を訪れれば防空壕がそこら中にあるので、観光で戦跡を巡る人も少なくないはずだ。奄美に40年いた私としては、戦跡でも気を抜かないでほしいと言いたい。いるのだ。ハブが。あなたがどこにいても、奄美にはハブがいることを忘れてはいけない。特に戦跡はハブをはじめとした生き物の宝庫だ。私にも何度か「おお、こんなところにハブが」という経験がある。

奄美本島の西端に位置する瀬戸内町西古見《にしこみ》集落には旧日本陸軍の兵舎跡や弾薬庫跡、大島海峡に入ってくる艦船を監視した監視所跡がある。先端の曾津高崎《そつこうざき》には防空壕跡があり、そこを研究者仲間３人で訪れたときの話だ。ハブの実験が終わり、学生は海に泳ぎに行ったので初老の先生方を観光がてら案内していた。

防空壕や弾薬庫巡りには、中に入る事態を想定して懐中電灯を持参するべきだが、昼間だと持ち合わせていない時もしばしばある。

その日も懐中電灯を持ち合わせていなかったので、「ハブはこういう場所にはいないんだけど、暗くて見えないからやめときましょう」と入り口から覗いていたら、オットンガエルが中からピョンピョン跳ねてきた。人がいるのに何でわざわざこっちに来るのか。普通、人の気配があれば明るい方から暗い方に逃げるのに、暗闇の中に戻ろうとしない。疑問に思いながら、防空壕の中をオットンガエルと人間３人で見つめていたら目が慣れてきて、入り口から２メートルくらい先に白い個体が確認できた。もしかして蛇か、でもこんなところにいるかなと注意深く眺めていたら、とぐろを巻いたハブだった。

その時は、直前に研究仲間と４００匹くらいのハブを実験で眠らせていたから、「うわあぁ、ハブの亡霊が出た」と一瞬たじろいだが、どう見ても本物のハブ。それまで戦跡をかなり回ってきたものの防空壕の中で遭遇した経験はなかったので、これには驚いた。それ以来、戦跡にもハブはいるかもと気を付けるようになったのはいうまでもない。

戦跡にハブは珍しくても、アカマタやヒャンなど蛇は多く見かける。コウモリも飛び出てくるし、足下ではゲジゲジが這いずり回り、カマドウマが跳びまくる。戦跡巡りはキャーやワーという声がつきものでけっこう賑やかになる。

コウモリが飛び交うような場所は注意が必要だ。暗くて見えにくいが、地面は糞だらけだからだ。戦跡から出てくると、靴がグチョグチョのビショビショで糞まみれになることもしばしば。自家用車で行こうが公共交通機関を使おうが、最悪の事態を想定して向かわないと悲劇を生みかねない。

戦跡以外では、加計呂麻島で昔の風葬場のような場所に出かけたときに、意図せずしてハブに接近したことがあった。

その場所は岩が重なってできていて、岩と岩の隙間をのぞくと動物の骨が見える。隙間は頑張れば中に入れる大きさだった。どれどれと体を縮めて入って、やれやれと横を見たら1メートル弱のハブがいたので「あっ」となった。とはいえ、骨を確認したいから、中に入らざるをえない。ハブの近くにはハブが隠れるのに最適な岩の割れ目があったから、「こっちに来る可能性は低いな」と近くの岩をトントン叩いたら、隠れてしまった。

ハブは意外なところにいると前に述べたが、私の経験からもわかるだろう。ハブ捕り人に聞いても、洞窟やトンネルなどで思わぬ形で遭遇することは少なくないという。

例えば、奄美では水道水をダムから引く専用トンネルがいくつかある。もちろん、点検が必要だが、危険なので誰もやりたがらない。そこで怖いもの知らずのハブ捕り人に時々話が回ってくる。そのトンネル内で産卵したばかりの雌ハブに私の知人が出くわしている。ちなみに、卵を産んだ直後のハブはピリピリしている。卵を守るために周囲を威嚇《いかく》し、近づくものを攻撃する。ハブは基本、寝たふりをするような生き物で、刺激しなければ攻撃してこないが、産卵後だけは例外だ。知人も普段とあまりに違うハブの攻撃性に驚いていたが、考えてみれば産後に不安定になりがちなのはハブだけでない。人間もそうだ。

めったにいないが、いてもおかしくない。ハブは奄美ではそんな存在なのだ。

5　私とハブとの仁義なき二十年戦争

◆一網打尽にできる罠はないのか

奄美の人たちにとって「ハブ捕り」がいかに日常に浸透しているかがわかってもらえただろうか。もちろん、奄美に住んでいる人の誰もがハブを捕って役場に持って行くわけではない。私もハブを自ら捕まえに行くことはない。

生活していればハブに遭遇することもあるが、山を歩いている時は、身の危険を感じなければ特にこちらからは何もしない。

繰り返しになるが、山の中でも注意して歩いていれば、ハブに危害を加えられる可能性は決して高くない。むしろ低い。ハブがいたとしても1メートル以上離れていれば、人間が何かおかしな行動を起こさない限り、咬まれることもない。だから、山中でハブを見つけても放っておく。

集落の中や耕作地では、放っておくと私が咬まれなくても誰かが咬まれる可能性が高い。捕まえて、実験に使ったり、その集落にハブを捕って売っている知人がいればあげたりする。

私はハブの研究者だが、ハブを積極的に捕ってきたわけではない（おそらく、殺したハブの数ではこの40年で日本でも一、二を争うかもしれないが）。実験に使う大量のハブも当然自分で捕るわけではなく、保健所から払い下げてもらっている。役場がハブ捕り人から税金で買い上げ、それを鹿児島県が引き取り保健所に集める。私たちは研究所に配分された予算で役場から買い取っている。つまり、税金で買い上げたハブを税金で引き取っている。

奄美では、一昔前まではハブに咬まれて死んだり後遺症に苦しんだりする人が珍しくなかった。ハブを行政が買い取るのも集落や畑でハブに咬まれる被害を少しでも減らすためだ。とはいえ、1匹ずつ捕まえていては到底追いつかない（捕獲によって数が減少したが、2010年時点でも、私の推計では奄美本島で最低10万匹は生息していた）。

40年間の奄美での研究生活の約半分は「ハブをどうすれば効率的に捕まえられるか」を必死に考えることに費やしてきた。

手をかけずに奄美からハブを減らせる道具や方法はないのか。研究者ならば誰もが考えるこの問いに私も挑んだ。

とはいえ、ハブの研究を始めたのはたまたまだ。奄美に赴任した当初は、実験動物のリスザルや食虫類の研究をしていたのだが、林先生から「服部君、暇だったら手伝ってよ」と言われ、駆り出されたのがきっかけだ。自分の意思ではなく、林先生の都合で関わるようになった。生き物は好きだが、それまでの人生でハブには接点が無かった。

当時、林先生はハブの駆除モデルの研究にすでに取り組んでおり、特定の地域で罠などを仕掛けて効果を調べていた。大掛かりな実験も多く、人手が足りないので手伝っていたら、林先生や関わっている人が東京に戻ったり引退したりして、気づいたら引き継いでいたというわけだ。

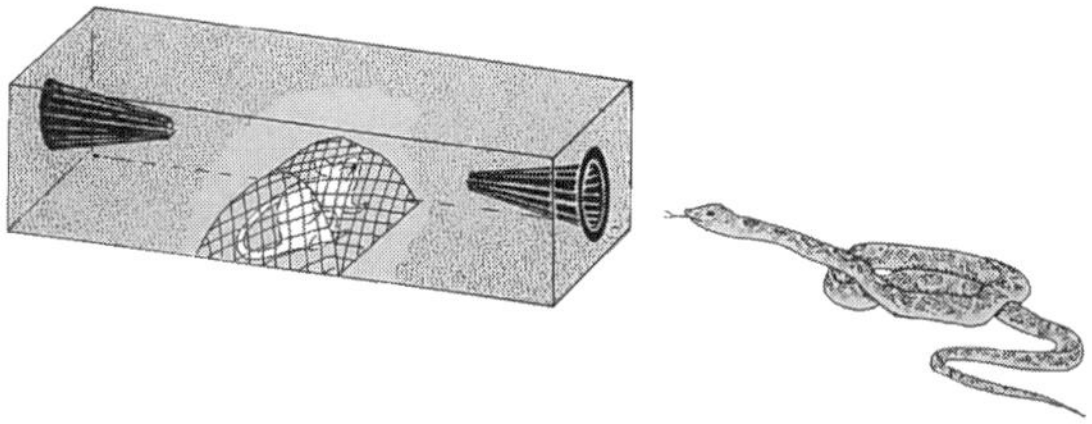

◆最も効果的な罠とは

私が実験を手伝い始めた頃に、林先生が考案していたのは非常にシンプルな罠（上）だった。

餌で呼び寄せるベイトトラップと呼ばれる仕組みで、幅25センチメートル、長さ60センチメートル、高さ15センチメートルの箱の中に生きたネズミを入れておく。箱には二つ入り口があって、ウナギ籠のような漏斗状のトラップ口をくぐると中に入れるようになっている。頭を突っ込むと、鱗が突起にひっかかってしまって戻れないから、前に進むしかない。中に入っても、餌として置かれたネズミは物理的に食べられない構造になっている。

除去効果を実験する時は、集落を決めてこのトラップを60個仕掛ける。集落でのハブの出没スポットは地元の人が詳しいから協力してもらう。謝金は微々たる額だが、「危険な仕事なのにすみません。ハブが罠に入っていたら好きにしていいですから……」とお願いすると、小遣い稼ぎにはなるので協力してもらえる。

同じ集落で3年ほど継続するとハブは捕れなくなる。「除去効果が確認できた！」と言えれば嬉しいのだが、これが何とも微妙なのだ。というのも、罠にかかるのは大きいハブがほとんどだった。だが、集落にいるハブは子ハブがほとんどだったことを覚えているだろうか。山よりも、子ハブの餌となるトカゲやヤモリ、ワタセジネズミが多く生息する集落や畑が産卵場所になる。

だから、子ハブを捕らずに大きなハブだけを罠で捕らえて「ハブの除去ができた」とはとても言い切れない。確かにハブの絶対数は一時的には減るが、2、3年もすると回復してしまう。

それならば、と山の中で試したことがある。山は集落と反対に大きなハブがほとんどで、子ハブは滅多にいない。山の中は広いので単位面積当たりの生息数は少ないし、一度捕らえると、駆除効果は大きい。ただ、集落と違って罠を仕掛けるのが簡単ではない。山の至るところに設置しなくてはいけないので、林業の人などにお願いした。

集落の時と同じく60個の罠を仕掛けたら、5～7月の間に25匹も捕れた。協力してくれた人たちも喜んで、「来年もやります」と手伝ってくれたが、翌年は2匹しか捕れなかった。そうなると、協力してくれた人たちにとっては魅力がなくなる。一転して「もう、やめていいですか……」となり、調査継続ができなかった。山中に仕掛けるのでは割が合わない。

実験の効果を測定するのに我々にとってはおいしい環境だったが、協力者にとってはおいしくない環境だったのは予想外だった。

◆電気柵での撃退法には思わぬ穴

林先生が考案したもうひとつの駆除モデルが電気柵だ。なんだか穏やかな響きではないが、文字通り、電流でハブをビリビリしびれさせて侵入を防ぐ柵だ。

集落や耕作地を、黒いポリプロピレンのネットを張ったフェンスで囲む。ハブが登って乗り越えようとしても、ネット上部のステンレス線には数千ボルトのパルス電流が流れているので、触れれば感電して入れない。ハブも人間も死にはしないが、触れると腹が立つほどピリッと痛い。耕作地でイノシシの侵入防止に今でも使われている電気柵とほとんど同じ仕組みだ。

この電気柵は、効果はてきめんだったが、思わぬ欠点があった。侵入を防ぎたい場所を柵でぐるりと囲めば、外からの侵入は防げるが、耕作地にしろ建物にしろ人が出入りしなければいけない。つまり、囲って閉じたままにはできず、通路や出入り口が必要になる。

そこからハブが一度入り込んでしまうと、ハブは外に出たいと思っても、電流でビリビリさせられて出られなくなってしまう。もちろん、出入り口は多くても数カ所だろうから、大半のハブの侵入は防げるが、万が一、入り込まれると厄介になる。学校をフェンスで囲った時も、結局は「侵入されて学校の敷地内にとどまったら危険だね」と見直すことになった。

管理の大変さも課題だった。奄美は植物の成長が早い。温暖な気候も手伝い、季節に関係なく、伸びて伸びて、伸びまくる。草刈りは大変な作業だが、少し管理を怠ると、植物が電線にからみついて漏電し、ハブが侵入しようとしてもビリッとしなくなるリスクを抱えている。草刈り機で定期的に草を刈ろうとして、ふとした拍子に網も一緒に切りかねない。電気柵にはこまめなメンテナンスが不可欠で、実験していて「これは奄美向きではないかも」と気づくのにそう時間はかからなかった。

手間をかけずに、一網打尽にできないか。

電気柵に関しては、「電流を流さずに、網を垂らしておくだけでも効果があるのでは」などいろいろ仮説を立てて試した。

というのも、ハブを観察していると、体が網の一部に触れるだけでも非常に嫌がる。鱗が網に引っかかる感じを嫌ってか、網に触れると体をビクッとさせるのが傍目《はため》でもわかった。

ある時、フェンス沿いに罠をしかけて実験した。

こちらとしては、フェンスに網をかけておくと、網を嫌がって突破できないため、網沿いに誘導されてきたハブが近くにある罠につい入ってしまうのではと仮説を立て、検証した。ところが、仮説を裏切り、網沿いの罠に入る気配は全くなく、なぜかフェンスから10メートルほど離れた別の罠に入ってしまった。網を嫌った行動とも考えられるが、これでは電流を流さなくても網にハブを遮る効果があるのか、網に近寄るのも嫌なほどハブを遠ざける効果があるのかは証明できない。その後も、侵入を防ぎたい場所に網だけを張っていくつか実験を重ねたが、ハブの気まぐれな行動に惑わされ続けた。

ハブは他の動物に比べて非協力的だ。大半の動物は飼育実験をすると、こちらの意図を読み取ってくれているような行動をとるが、ハブはおかまいなしだ。餌を食べることと、隙あらば逃げることばかり考えている。「実験？　そんなのおまえら人間のエゴだろ」と言われればそれまでだが、少しは協力してくれないだろうかと何度嘆いたことか。

結局、網の忌避効果を実証することはできなかったが、ハブを誰よりも見続けてきたひとりの人間としては「ハブは網の感触が好きではない」という考えは今も変わらない。

◆ハブは非協力的な動物

結局、私のハブ研究の時間の大半は罠の開発に費やされた。そう考えると、私もある意味「ハブ捕り人」だった。

林先生の罠はシンプルそのもの、生きた餌が必要だった。マウスやクマネズミ、ハツカネズミを籠に入れるので、週に一度、それらの水や餌の交換が必要になる。ちなみに、ハブ捕り名人の南さんは籠の中の餌替えの際に、ハブに咬まれている。籠が空だと思って何の気なしに開けたら、ガブリとされてしまった。私にも似た経験がある。油断が命取りであることがわかるだろう。

林先生の罠は効果が見込めたが、私は生きた餌よりも簡単な仕掛けでハブをおびき寄せる罠ができないかと考え、においに着目した。

生き物はにおいに敏感だ。人間だって、くさいにおいがしたら、その場を離れたくなるし、食べ物のおいしそうなにおいが漂ってきたら、見知らぬ店でもつい入りたくなってしまう。人間もハブも同じ生き物ではないか。

加えて、ハブを誘引するマウスの要素としては動作音や鳴き声、姿、体温などが挙げられるが、この中で最も遠くまで届くのがにおいだ。

では、どのようにマウスのにおいを抽出すればよいのか。これまた試行錯誤を重ねてたどりついたのが、左ページの図だ。これはラットの体臭の中の脂溶性の成分を、マイナス80度のドライアイスメタノール中のヘキサンに溶解させる装置だ。大げさに聞こえるかもしれないが、大雑把にいえば、体臭の水分を抜いて、凍らせる仕組みだ。

においに対するハブの反応は舌の出し入れ（フリッキング）を指標とした。そして、この装置で抽出したにおいを実験室でハブに嗅がせたら、舌を驚くくらい激しく出した。「おおこれは

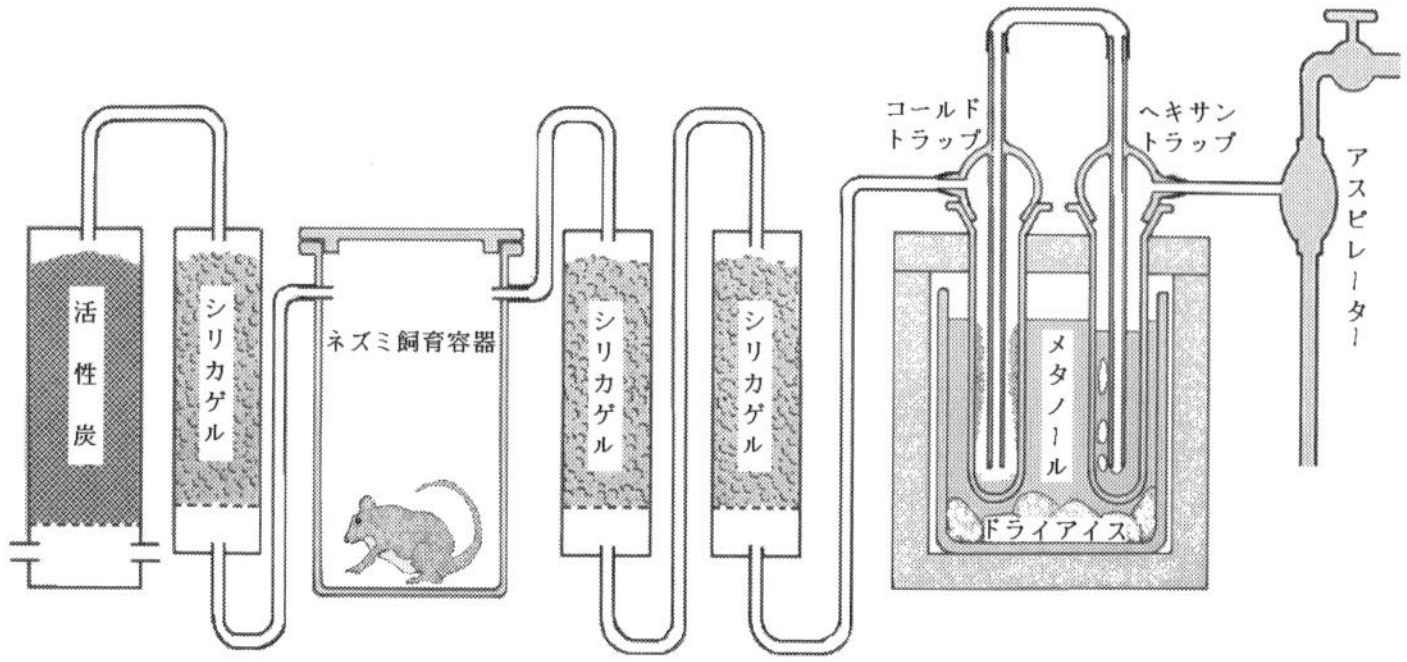

いけるぞ」と快哉を叫んだのはいうまでもない。

というのも、ちょうど同時期に私の自信を深める出来事が起きていたことも関係している。

私の共同研究者の木原大先生（鹿児島大学医学部熱帯医学研究施設）のもとに、大分県でマムシの養殖をしているおじさんが訪ねてきた。どこで噂を聞きつけたのか、その難しそうな装置で抽出したにおいを分けてほしいという。文字通り、においを嗅ぎつけてきたのだ。

こちらとしては出し惜しみする気もない。「いくらでも持っていきなよ」と渡したところ、「マムシがメチャクチャにおいに反応しています」と連絡があった。マムシを飼育している囲いの中ににおいをしみこませた脱脂綿を入れたら、マムシがガブガブ咬みついたという。

当然、私としては「マムシが咬めばハブも咬むに決まっている。これは絶対行けるぞ」と自信を確信に変え、屋外で鼻息荒く実験を始めた。

だが、いざ始めたら、ハブはうんともすんともいわない。ビデオで長時間撮影して動きを確認しても、舌は出すが、罠に入る気配が全くない。そうなると、においはハブを誘因する要素にはなりえないことになる。

私としては「あれだけフリッキングするのに、そんなわけはない」と諦めきれない。方法が間違っていたのかもと考え、ハブを誘引する要素を解明するために、実験はどんどん複雑になっていった。

例えば、抽出したにおいがダメならと、本物のネズミを金属ケージに入れた上でそのまま箱に入れて、そのにおいをポンプを使って離れた場所にある罠に送る実験も試みた。ハブが罠にいつ興味を持つかわからないので、ポンプを常時駆動させるためにバッテリーを20個用意し、南さんに週に一度交換してもらった。大変な作業である。

非常に手間がかかる実験だったので力も入ったが、ハブはにおいを送り込んだ罠ではなく、ネズミがいる箱に入ってしまった。箱の外からは姿が見えないし、においも漏れないようになっているから、こちらとしては「なんでこっちなんだよ」と落ち込んだのはいうまでもない。

もしかして、「姿」が重要なのかなと、罠の中ににおいを送り込みつつ、ネズミの人形を置いた実験もした。木原先生が講師を勤めていた看護学校の伝手《つて》で短大の生徒さんを動員してネズミの人形を20個ほどつくった。それに赤外線ヒーターをつけて本物のマウスの体温まで再現した。

しかし、ヒーターまで持ち込んだものの、これまた全く捕れない。大がかりになればなるほど捕れない。

もはや罠の実用性は関係ない。何に誘引されるかが知りたくてやめられなくなりつつあった。

そうした中、悩みに悩み抜いた最後の実験が図（左）の装置だ。

ポンプもバッテリーも使わず、ラットの飼育ケージの空気を排気した。それまでホースには直径数ミリメートルのシリコンチューブを使っていたが、この時は洗濯機の排水管に利用するフレキシブルホースを使った。柔らかいので使いやすいのだ。直径3センチメートル、長さ2～3メートル程度のホースで下のケージから上の罠に自然ににおいを上げる仕組みだ。

設計図ばかり書いていたので、周囲からは「設計図はものすごい上手ですが、ハブは一向に捕まりませんね」などとからかわれもした。

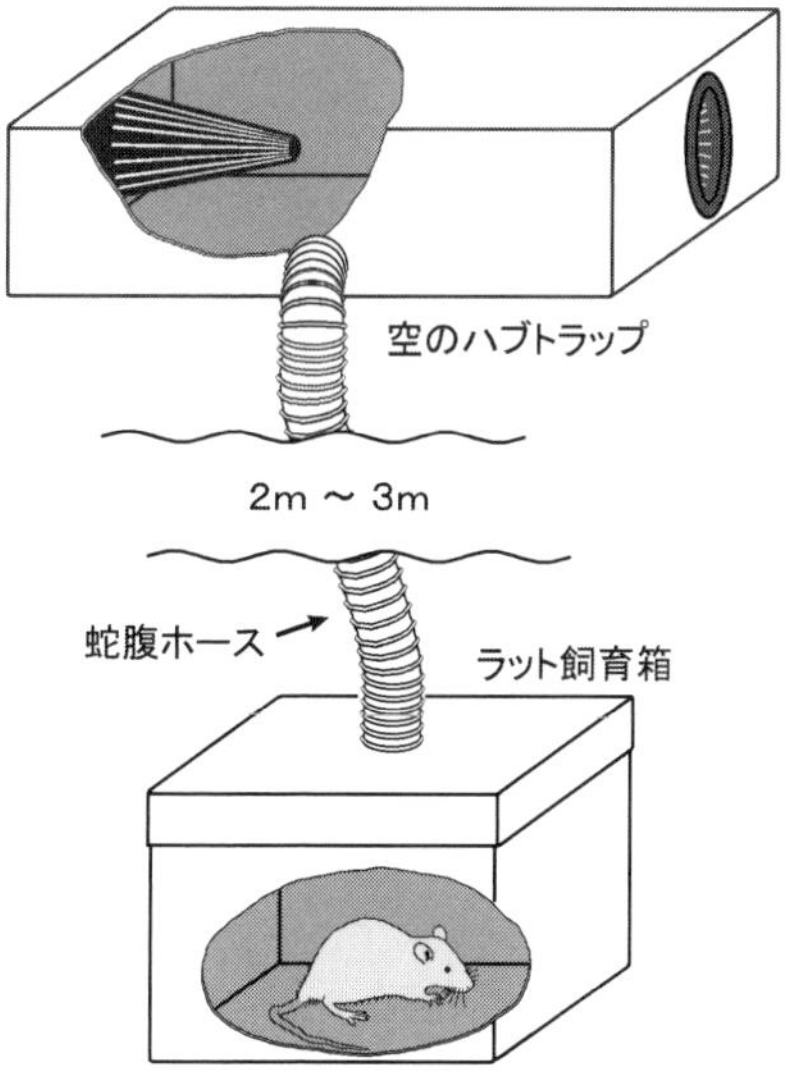

この方法ではハブは捕れた。ラットのにおいだけでもハブを捕れるのだが、生き物の気配を感じさせるような濃厚なにおいでなければいけない。聡明な読者はお気づきだろう。

それならばラットをそのまま置いた方がいいではないかと。

つまり、林先生が提唱した罠がシンプルだし、手間もかからない。それが気まぐれなハブと格闘し続けた20年の結論だ。

ハブの「駆除」や「撲滅」を目標にする

のではなく、ハブとの「共存」だ。ハブがいて「当たり前」の立場でハブとつきあう方向に向かう。そうして自然保護意識の浸透を目指すのである。

◆ハブを一網打尽に出来ない今、何をすべきか

20年にわたりそうしてハブと向き合ってきたが、ハブを誘引する物質は見つかっていない。うまく見つけることができればハブを一網打尽にできただろうが、それは望めそうもない。また、網を使った実験を紹介したように、ハブが何を嫌うかも証明できていないので忌避物質も見つかっていない。

つまり、2024年の今もハブを効率よく捕ったり、ハブを意図的に避けたりする方法は科学的に証明されていない。においの実験で、室内ではハブが激しく反応したので意気込んで野外実験したら全く反応がなかったように、ハブは気まぐれだ。人になつかないし、難しい生き物ではある。

それでは、私たち人間はどうすればよいのか。結論を述べると、繰り返しになるが注意するしかない。

「えっ、それが結論?」とがっかりされても、悪戦苦闘していろいろ試した結果、注意してくださいとしか私には言えない。ただし、「正しく無駄なく」注意を払う姿勢が重要だ。

奄美の人はハブを怖がっているが、中にはハブの本当の姿を理解せずに怖がりすぎている人もいる。一昔前は咬まれてショック死に至ったり、ひどい後遺症が出たりすることもしばしばだったため、攻撃的で危険な生き物としてのハブの言い伝えが色濃い。

もちろん、危ないことに変わりない。何度も言うがハブは怖いか怖くないかと聞かれたら怖い生き物だ。ただ、これまで見てきたように不用意に近寄らなければ咬まないし、毒自体も毒の質としては危険度が低い。そして、咬まれた人の傷口から毒を吸い出してあげても吸い出した人は死なない。

私は、誘引物質の実験の後に、前述したアンケート調査を本格的に始めたが、それもデータを使ってハブの実態を知ってもらうための活動の一環だ。

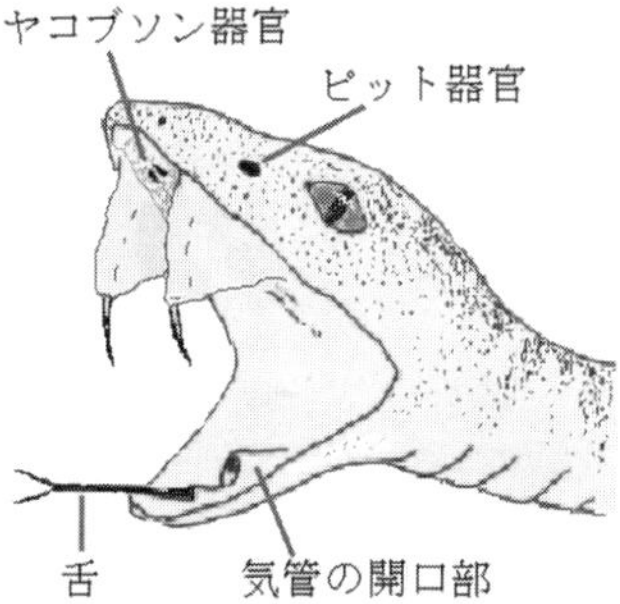

地元の人にハブはどのようなところにいて、どういう状況で咬まれやすいかなどの情報を提供したり、講習会を開催したりしている。ハブから毒はなくせないが、人間は咬まれた時の対応を変えられる。医療の発達や交通網の整備もあり、治療体制はかなり改善されている。私たちはハブを正しく怖がるしかない。

◆夜の学校にはハブがいっぱい

新型コロナウイルス禍前までは年間15～20カ所の講習会に呼ば

れていた。

警察や病院などで職員相手に話す機会も少なくないが、「ぜひ、ハブについて話してもらえませんか」と声をかけてもらう機会が多いのは小学校や中学校だ。

奄美では総合的な学習の時間を利用して「ハブ安全教室」を実施している。小学校低学年の児童でもわかるような資料を使って、「ハブの牙」、「ハブの抜け殻」、「ハブの生態」などを学べる内容になっている。鹿児島県のホームページなどを参照するとわかりやすい。

子供たちのハブへの関心は総じて高い。「ハブはどこから卵を産むの」、「ハブの赤ちゃんも毒を持っているの」、「ハブって近視なの」などと大人顔負けの質問も投げかけてくる。

2018年までは本物のハブを研究所から持っていって、見せながら講習していた。毒を絞って私が飲んで「ほら大丈夫だよ」などと実演すると子供たちは興奮を隠しきれず、「毒、飲んでる～」と歓声を上げおおいに盛り上がった。

左ページの写真は、ネズミのにおいに反応して舌を出すフリッキングをするハブ（上）、宇《う》検村《けんそん》の学校敷地内の樹上にいた子ハブ（中）、飼育箱の中で産卵したハブ（下）である。

近年は研究所からの生き物を持ち出すルールが厳しくなり、かつてのように本物を使っての実演はできない。私としては「昔は実物のハブを使えたから、子供たちもわかりやすかっただろうな」などと現状を残念に思うが、学校の先生に言わせると私が実物のハブを使うと盛り上がりすぎて、肝心の講習会の内容を生徒がほとんど覚えていないらしい。「ハブを学ぶ」観点からすると今の方が学習効果があるようだ。

２０１６年からは学校敷地内でのハブの生息実態調査を始めた。春から秋までの間に数回、夜間の学校にハブがいるか、いないかを調べている。ハブを確認できたら、写真と一緒に報告書を学校に提出し、校区の住民にも連絡してもらう。

今まで奄美大島だけでなく加計呂麻島、徳之島の小中学校を約40校回った。

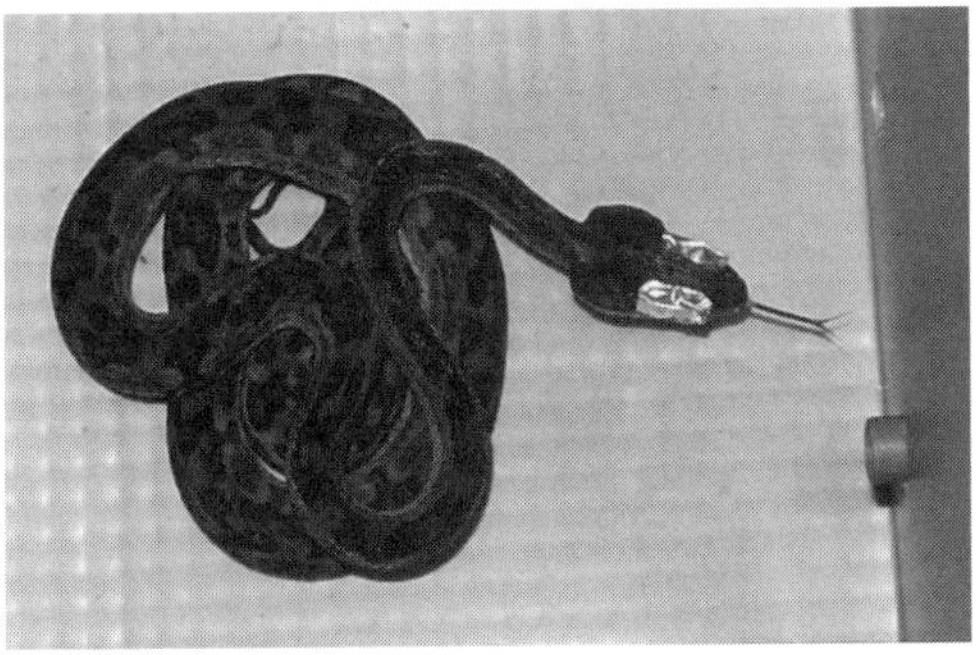

ハブがどれだけいたか気になるだろうが、全ての学校にハブがいるわけではない。だが、いないわけでもない。奄美大島の9校で11匹、徳之島では2校で4匹捕獲している。

２０２１年は例年よりも遅い6月に1回目を実施して、奄美大島の奄美市と龍郷町《たつごうちょう》で計４校を調査した。2校で計3匹のハブを確認した。

「夜間の学校にハブがいた」と聞くと、多くの人は校庭の隅っこの草むらなどにいるのではと思われるだろうが、ハブは意外なところにいる。校門の横にいたり、建物の外の側溝の横でとぐろを巻いて休んでいたりする。敷地内の木に登っているハブも多い。ハブはけっこう大胆なのだ。

捕獲したハブは大半が1メートル20センチ未満の若いハブ、子ハブだ。山ではない場所は子ハブが多いが、特に学校は子ハブにとって「最高のグルメスポット」になっている。

というのも、ハブの食性の研究によると、奄美の子ハブの餌の半分以上はヤモリ。次いでワタセジネズミとなっている。大きなハブが主食にしている野ネズミは大きすぎて食べることができないし、カエルはほとんど食べない。

そのヤモリは夜行性で虫を食べるが、虫の中でも特に光に集まる虫を食べる。学校は奄美では珍しく夜間も電灯がついている。そこに虫が集まり、その虫を狙うヤモリも集う。学校は壁が多く、ヤモリにしてみれば虫を狙いやすいので続々集まってくる。そのヤモリをハブがまた狙うわけだ。

もちろん、私たちの夜の学校調査では、大きなハブも絶対数は少ないが捕獲している。それらの大きなハブは山から下りてきている可能性が高い。これは推論になるが、ある程度の大きさのハブは明け方に山やそのハブが普段潜んでいる場所に戻る。

問題は小さなハブだ。子ハブはそもそも集落にいるので山には戻らない。戻るにしても、集落や耕作地に帰るだけなのだが、いかんせん体のサイズが小さいので動きが遅い。戻ろうと思っても戻れず、結果的に、夜が明けてもその場にとどまってしまう。そう考えると、学校は人にとっては思いのほか危険な場所になる。

だからこそ、私はハブがいれば注意喚起のためにすぐに報告する。「あなたの学校にはハブがいました」と言われれば、誰もが危険性を認識するだろう。当該学校への報告はもちろん、児童向けの講習でも夜間調査の実態を交えながら話して啓発につなげている。

ちなみに、この夜間調査は一晩で数校を回る。2021年6月の調査も4校を一夜で回った。夜間調査では1校ずつハブの生息を確認して次の学校に移るので、日付が変わる日も珍しくない。

学校の大きさにバラツキがあるので1校当たりの所要時間も変わる。敷地が狭ければ、30分程度で終わるが、大きな学校では1時間近くかかる場合もある。

2020年は徳之島の小学校を調査した。どこの学校を回るか特に予備知識もなく出向いたら、1校目の小学校の敷地が驚くほど広い。調査に協力してくれている人が「この地区には小学校が8校ありますが今日全部回りましょう」と鼻息が荒い。こちらも啓発活動で取り組んでいるので手を抜くわけにもいかないけれども、1校あたりとても1時間で終わりそうもない。これが8校では、このまま学校で夜が明けてしまうぞと、2班に分けて何とか終えたのだった。帰りたいけど帰れない。子ハブもそんな気持ちなのかもしれないなと、ふと思った。

6 それでもハブに出会ってしまったら

◆あなたがもしハブと遭遇したら

ハブを劇的に減らす方法がない以上、ハブを減らすには地道に捕まえるしかないし、咬まれないためには注意するしかない。

ただ、「そうはいっても……」といったところだろう。地元の人ですら誰もがハブを恐れずに捕まえられるわけではない。観光客ならばなおさらだ。注意したところで、遭遇してしまったらどうすればいいのか。

ここでは誰もがすぐに取り入れられるハブ対策をいくつか紹介したい。

結論から言おう。「運悪くハブと出会ってしまったら、無視すればいい。徹底的に無視するに限る」

　これが最強のハブ対策だ。

「いやいやいや、服部さん、何をふざけているんですか、ハブが飛びかかってきたらどうするんですか」、と言いたくなる気持ちもわかる。だが、ハブはいきなり飛びかかってこない。そもそも飛ばない。漫画や映画の見過ぎである。近づくと鎌首をもたげ、こちらをじろりとにらみ、開いた口には鋭い牙がのぞき、体を伸ばすハブもいるだろうが稀だ。

　例えば、あなたが奄美の山道を歩いていたとしよう。偶然にも斜め前方1メートル先くらいにハブがいるのを見つけてしまい、なんだか目が合ったような気もする。このまま進んでいったらいきなりものすごい勢いで近づいてきて咬まれてしまう、ああ、どうしようなどと焦ってはいけない。

　このような場合でも放っておくに限る。

　ハブは決して攻撃的ではない。近づく者全てに咬みつくようなことはない。むしろ、人が近づいても、気づかないふりをしてじっとしている。隣りに人が立っていることに気づいても、寝たふりをして何もしてこない。拍子抜けするくらいじっとしている。

　ちなみに、寝たふりをしているといったが、寝ているのか寝ていないのかはわからない。ハブには瞼《まぶた》がないからだ。

　外見では判断がつかないが、「これは寝てるな」と思わせるほど動かず、ずっと同じ姿勢を保ち続けている。

人が近づいてもじっとしているハブが大半だが、反応があるハブも当然いる。行動が人それぞれなようにハブもハブそれぞれだが、共通点を挙げるとしたら大きなハブは人に反応しやすい。

もし、あなたが山中で巨大なハブに遭遇してしまったら、慌てふためくだろうが、実はハブも巨大であれば巨大であるほど焦っている可能性が高い。

体が大きいということはそれだけ長く生きてきた証だ。慎重で臆病であればあるほど長生きできるのは、ハブも人間も変わらない。大きいハブであればあるほど一目散に逃げていく。大きなハブが逃げていくのは音で分かる。特に年とったハブは下半身の動きが悪くなり、後ろ半分をひきずって動くので草にこすれてザーザーと音がする。目視で確認できなくても、ザーザーと聞こえたら、年とったハブが一目散に逃げていったなと考えていい。

◆寝たハブを起こすな

それではなぜハブは人を咬むのか。なぜ彼らは時に戦闘態勢に入るのか。寝たふりをしているのならばずっとそのままでいてくれればいいではないか。

だが、ずっと寝てろと言うのは人間の勝手だ。

ハブだって本当は寝ていたいのである。

人間も、寝ている時に話しかけられたり揺さぶられたりしたら、誰だって怒りたくなる。ハブも同じだ。ハブは悪くない。

ハブが私たちに咬みついてくるのは、私たち人間がハブに何かしらの刺激を与えてしまっている時と考えていい。

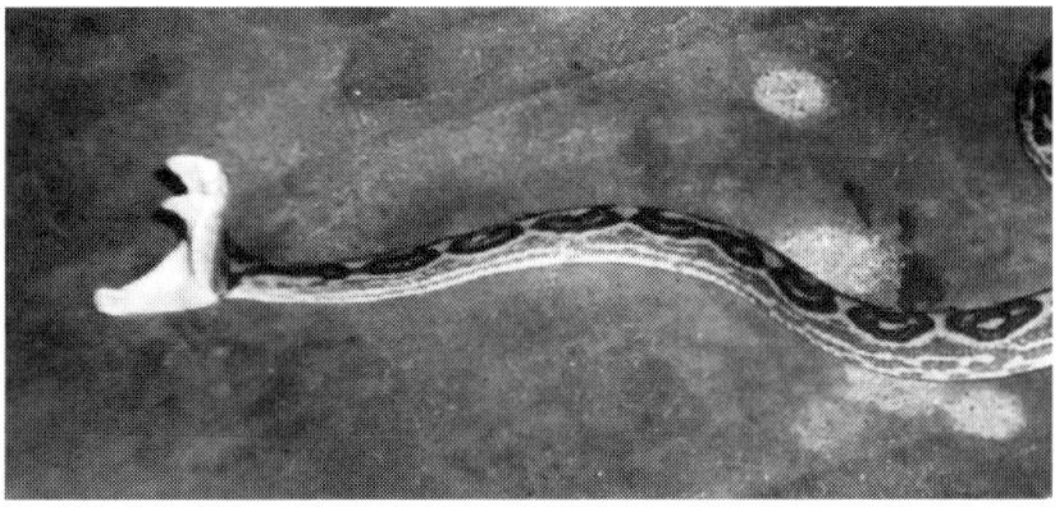

人だろうがハブだろうが、身の危険を感じれば全力で戦う。最もわかりやすいのが、ハブを捕まえようとした時だ。
人が近づこうが、隣りにいようがじっとしているハブも、私たちが「棒で押さえて、このハブ捕まえよう」となれば、「あれ、なんか狙われているな」と気づく。そうなれば、反撃せざるを得ない状況になる。
ただ、この場合は、こちらからハブを狙っているので、私たちも警戒する。咬むか咬まれるか。人間はハブを咬まないが、咬むくらいの心構えでハブと向き合えば、咬まれる確率は低くなる。
人が咬まれてしまうのは、こちらはハブと戦う気は一切無いのにムダに刺激してしまう場合だろう。本土から来た人が無意識にやってしまう、ハブを刺激する例としては、怖がるあまりに杖や木の枝で地面を叩く行為が挙げられる。人間側にハブと戦う気はゼロなのだが、とにかく怖いから歩きながら周囲をバンバン叩く。じっとしているハブにしてみれば「なんだ、おまえやるのか」となる。寝たふりをしてい

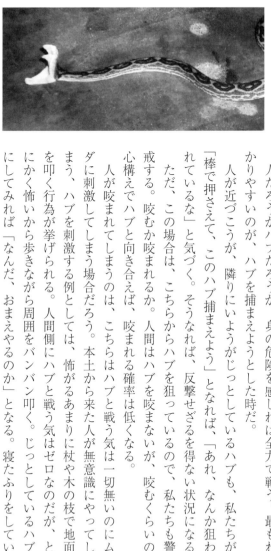

るのに、地面や草むらをバンバン叩かれたらハブだって身の危険を感じる。何もしたくないハブのスイッチが入ってしまう。寝た子を起こす、いや寝たふりのハブを起こしてしまうのだ。

「集団で歩いている時に先頭から二人目がハブに咬まれる」という都市伝説ならぬ島伝説があるが、これも人が要らぬ刺激を与えてしまうからだ。

ハブが何秒で咬みつくかの実験がある。興奮状態のハブを間仕切りのある箱に入れる。間仕切りの向こう側にはお湯を入れた風船を振り子のように揺らしておく。間仕切りを外してどう反応するか。何秒後に風船を攻撃するかを調べると2秒前後かかった。

2秒は短そうで長い。山道でハブを怖がる人が草むらを杖でパシパシ叩いて、スイッチを入れてしまった場合、パシパシ叩いた当人はハブの脇を通り越す。ハブが覚醒して咬みつかれる対象はパシパシしてハブを起こした人ではない。複数人で行動していれば二人目か三人目になる。

ハブが二人目か三人目を狙うのではなく、単純にパーティーの先頭が余計な行為をしているだけなのである。パシパシしなければハブは二人目も三人目も咬まない。ただただそこにじっとしている可能性が高い。だから、ハブが怖ければパシパシしてはいけない。

◆三十六計走るにしかず

とはいえ、パシパシしなくても寝たハブを起こすことはあるだろう。ハブの習性について詳しい人などそうはいない。だから、不可抗力でハブのスイッチを入れてしまうこともある。こっちは何もしていないのに向こうの機嫌が悪いときもある。

スイッチが入ってしまったハブから身を守るにはどうするか。これまたいい対策がある。日頃から長靴を履くのだ。

長靴を履いて、注意深く歩いていれば、咬まれる確率は劇的に下がる。昔は山に入るには足に新聞紙を巻いた上で長靴を履く人もいたが、長靴を履くだけで咬まれにくくなるし、万が一咬まれてもダメージは小さい。

とはいえ、山道ならハブを警戒して長靴で備えられるだろうが、奄美で常に長靴を履いてはいられない。なにしろ奄美は暑い。サンダル履きでちょっとした草むらを通る場面も少なくない。

この草むらを抜けないと道路に出られない。だが、ハブに咬まれないか不安だな。そういう時は、走ればいい。ハブが咬むぞと意識してから咬むまでのタイムラグは2秒。「2秒ルール」に則って、一気に走り抜ければハブは反応できない。もし何人かいてみんな

で草むらを越えなければいけない場合は、同時に別方向に走り出せばいい。

私にも経験がある。山の中で草をかき分けつつ、下を注意深く見ながら歩いていたのだが、目的地までは少し距離があった。正直、このまま注意深く進むのが、少し面倒な気持ちもあり、「もう、走ってしまうか」と大股でジャンプしながら歩いた。何歩目かで何かを踏む感触があった。瞬間的に「あっ、ハブを踏んだな」と思ったが、ハブも体をもろに踏まれたら何もできない。そのまま草むらを抜けて振り返ったら、大きなハブがガサガサと体をよじらせていた。

運悪く踏んでしまっても、走りつづければ、次の瞬間にはハブから距離が出来ているので反撃はされない。ただし、踏んだ場所が尻尾の場合はハブも反撃できる可能性があるので、いざというときのために頭の片隅にいれておく程度でいいだろう。可能な限り、注意深く進むに限る。

子供向けの講習でも「道の真ん中にハブがいたらどうすればいいでしょうか」と聞かれる。「まず、大人を呼びましょう」と答えているが、実は大人だって呼ばれたら困る。これまでみてきたように、奄美の大人だからといって誰もがハブをやすやすと捕まえられるわけではない。ハブがいきなり庭先に現れて、怖くて、交番に電話する人もいるくらいだ。そして、電話を受けた交番の警官も困る。奄美の警官は鹿児島県の人事異動で本土から転勤してくる場合が大半なのでハブに慣れていない。慣れていないどころかハブを見たことがない警官も珍しくない。私が毎年4月に警察署のハブ講習会に呼ばれて来たことからも状況がわかるだろう。奄美の人と同じで、おまわりさんだって怖い。それがハブだ。沖縄県ではおまわりさんがハブに発砲したという都市伝説があるほどだ。

とはいえ、大人が頼りになるかならないかは別問題として、子供はまず大人を呼ぶのが正解だ。大人が近くにいない時は、ハブの種類や大きさにもよるが、「避けて歩くか、他の道を使いましょう」と答えている。叩いたり、突っついたりは絶対にしてはいけない。

ただ、子供は好奇心旺盛だし、大人が思う以上に物事を考えている。捕まえてしまう生徒もいる。少し前だが、私が長年住んでいた古仁屋（奄美大島の最南端の町）で、中学生がカバンでハブを押さえて捕まえて学校に持ってきて、大騒ぎになった。その子は大人を呼んでいる間に自分より小さい子供が近寄って咬まれたら大変だから捕まえたと言っていた。確かにその通りだが、「ハブ慣れ」している奄美でも大騒ぎになったのでこれはレアケースだ。どの学校にもハブを入れる箱やハブを捕まえるときに使う棒が設置されてはいるのだが。

結局のところ、ハブには関わらないに尽きる。無視すればいい。そもそも私たちはハブの存在に気づかないで通り過ぎている場合が大半だ。人間はほとんどのハブを素通りしている。注意深くハブを警戒している私ですら、何人かで山歩きしていて、「服部先生、さっき、ハブをまたぎましたね」と後で指摘されることもある。もちろん、本人は全然気づいていない。

考えてみれば、ハブだって、ハブが怖い、ハブが出たと大騒ぎされるのは迷惑な話である。やあ、どうもと会釈して通過するくらいでいいはずだ。ハブがいたから奄美の自然は守られた。ハブは森の守護神だ。触らぬ神にたたりなしだ。

7　ハブは食えるのか、おいしいのか

◆ハブはうまいのか

そこに山があるから登るように、そこにハブがいれば食べる。いきなり何を言い出すんだと思うだろうが、誰もが気になるはずだ。ハブっておいしいのか。

いやいや、気になりませんよという声も聞こえてきそうだが、生き物がいれば食べてみるのは人間の遺伝子に刻み込まれた習性だ。牛だろうが馬だろうが、犬だろうがハブだろうが変わらない。食べてみて初めて食うべきか食わざるべきかがわかる。

言い方は悪いが、私は食べるハブには困っていなかった。研究所には最大で400匹までハブを飼えた。実験で命を失ったハブが当たり前にいた。昔と違ってそこらでハブを勝手に焼却できる時代ではない。それならば有効活用したらどうだろうか。供養をかねてスタッフでありがたく食べようかということになった（スタッフが酔っ払って生きたハブを籠から取り出して、その場で調理したこともあった。そして本人は翌日全く覚えていない。40年前のことだが、危険すぎる）。

どうすればうまいのか。焼いたり、煮込んだり、いろいろ試した。

まず、手がかからないようバーベキューをしようとまるごと焼いたら、肉がほとんどなく、骨だらけで全くおいしくない。

卵焼きを作った友人もいる。おいしかったと言っていたが、試してみる気にはなれない。ハブの卵の中では産卵時にすでに子ハブが成長をはじめているからである。

もう少し手間をかけたらどうかと、5年程前には内臓でモツ煮とレバニラをつくった。頬《ほお》の肉は串焼きにして、残った肉と骨でスープをつくったこともある。

ハブのレバーは大きいので、レバニラは調理中はとてもおいしそうに見えたが、口に入れてみたらゴムそのもの。噛んでも噛んでも噛み切れない。

一方、残りの3品はおいしかった。モツ煮は胃の壁が厚く、歯ごたえが最高だったし、スープと串焼きは絶品だった。スープはその後も何回かつくった。

そう聞くと、「奄美の料理屋が名物として売り出せばいいのに」と思う人もいるだろうが、どこも積極的に手がけようとはしない。

提供している店もわずかに存在するが、目玉メニューの位置づけではない。置いている量も多くない。誰も食べようとしないから提供しないのか、提供しないから食べようとしないのかはわからないが、飲食店がビジネスでやるにはハードルが高いのは間違いない。採算が全く合わないのだ。

役場や保健所のハブの買い取り価格は3000円だ。料理屋は生きたハブを仕入れようとするとそれ以上の価格をハブ捕り人に支払わないといけない。

調理するにも皮と背骨、内臓を取り除くと食べられる部位がほとんどない。スープやモツ煮がいくらうまいといったところで原価が確実に1000円以上かかってしまう。頬肉の串焼きに至っては一串つくるのに10匹は必要なので、原価は軽く万単位になる。希少な高級食材ともいえるが、ミシュランで三つ星をもらってもペイしない気がする。

日々、ハブの死と向き合う特殊な環境に身を置いていたからこそ味わえた「逸品」であった。

◆ハブは体にいい！かも

人間と同じく、生き物も見た目が重要なのかもしれない。ハブは見た目が怖い。睨まれたら誰だって近づきたくない。あれを食べるなんて信じられないと敬遠するのもあながち間違いでないのは、私のハブクッキングの体験からも裏付けられる。だが、たで食う虫も好き好き。根強い需要が一部ではある。健康食品としてのハブだ。

ハブの体で、もっとも値がつくのが「胆のう」で、肝臓で作られた胆汁を蓄える働きをする器官だ。熊やイノシシの胆のうが万病に効くとして重宝されているが、ハブも同じ理屈だ。

胆のうはハブ1匹にひとつしかない。乾燥させると大豆よりも小さくなってしまう。これをひとつずつオブラートに包んで小瓶に入れると、市場価格が3万円程の高級健康食品になる。

もちろん、胆のうを取り除いて終わりではなく、残りの身は粉々に砕いて、粉末やタブレット状の錠剤にして売る。

そんなものが売れるのかと思われるだろうが、これが驚くほど売れる。飛ぶように売れる。

かつて徳之島にもハブセンターがあった。奄美大島の名瀬（奄美市）にあるハブセンターと同様に、ハブを見せたり、関連商品を売ったりする観光施設として、高橋弘忠さんという方が経営していた。島のシンボルであったホテルニューオータニ（1982年閉鎖）の中庭でハブとマングースショーを仕掛けるなど観光客相手に頑張っていたが、年々お客さんが減り、高橋さんは最終的には鹿児島本土に引っ越してしまった。

ただ、ハブを粉末にする設備などは徳之島に残した。島で仕入れたハブで健康食品をつくって、鹿児島に引っ越した後も日本全国の物産展などを回っていたのだ。ハブの健康食品で物産展といわれるとドサ回りのようなイメージを持つかもしれないが、とんでもない。1回の物産展での売り上げが驚くほどの額で、あまりの衝撃に言葉を失った記憶がある。ハブ愛好者は各地にいるらしく、地方の物産展に出店する前に地元のお得意さんに手紙を出していた。インターネット通販がない時代の話とはいえ、ほとんどのお客さんが来たというから、世の中には熱狂的なハブ愛好者がいるものだと感心した。

ハブの健康食品の人気をまざまざと見せつけられた時がある。

私は徳之島に調査で滞在する際は、ハブの解剖用に高橋さんの工場の一部を借りていた。私と学生が研究のためハブを相手に格闘していると、なぜか郵便局員が大量の封筒を持ってくる。高橋さんはハンコを押しまくるので「何してたんですか」と後で聞くと、全てが現金書留だという。全国からの通信販売の注文だったのだ。「全部でいくらになるんだ」と夢想していると、今度は宅配便のトラックが建屋の前に止まり、1回では抱えきれない荷物をドライバーが運ぶ。こうした光景が高橋さんにとっては日常だったのだろう。物産展の稼ぎだけ聞いても徳之島の事業者ではケタ違いだったが、それ以上に通信販売で稼いでいたようだ。

◆世界は広く、蛇好きは多い

蛇を健康と結びつけるのは日本だけでない。アジアには蛇を食べると滋養強壮に良いという信仰が日本とは比べようもないほど根付いている地域もある。

2000年頃、インドネシアに2週間ほど調査に出かけた。東大が現地の大学に毎年ひとり派遣していたのだが、なぜか私が行くことになったのだ。

ハブと似た種類の現地の毒蛇（ヌマハブなど）についての調査が目的だったので、いそうな場所を教えてもらい出向いたが、いざ捕獲するとなると土地勘がない外国人には簡単ではない。湿地帯に生息していて、そういう場所はマラリアやフィラリアに罹る可能性も小さくない。ガイドも完全に及び腰だった。

それでは肝心の毒が手に入らない。観光に来ただけになってしまう。日本ならば困った、どうしようとなるだろうが、インドネシアでは心配は要らない。蛇屋がある。

日本では聞き慣れない「蛇屋」だが、インドネシアでは街中に点在している。文字通り、蛇を扱うお店だ。

生きた蛇が用意されていて、欲しい人が買い求める。私はその時、ヌマハブを「あるだけ買う」といって20匹購入して、DNAのサンプルや絞った毒を冷凍して日本に持ち帰った。マムシャヒメハブによく似た毒蛇だ。

蛇を買い求める人など研究者以外にいるのかしらと疑問に思うだろうが、蛇が欲しい人は少なくない。私をガイドしてくれた運転手はコブラの生き血をガブガブ飲んでいた。

血を飲みたいなと思ったら、コブラを1匹買うとその場で首を切ってグラスに注いでくれるのでそれをクイッと飲む。気軽に蛇の生き血を楽しむ文化なのである。

1匹の値段は数百円からせいぜい1500円程度で、必要であれば、皮も肉も持って帰れる。その時のドライバーは肉をぶつ切りにしてもらって、嬉しそうに持って帰った。

そういう話を聞いていると蛇の血を飲んでムチャクチャ元気になるような気もするだろうが、研究者の立場からすると絶対におススメしない。蛇の体内には寄生虫がいるかもしれないし、何がいるかわからない。蛇の生き血を飲んで変なウイルスが流行ったらどうするんだろうかと多くの蛇関係者はコロナ禍で思い出したはずだ。

とはいえ、アジアでの蛇食文化は浸透していて、インドネシアだけでなく、台湾の蛇屋でも同じような光景を目撃した（台湾ではコブラの首を切って、そこにビーカーをつけて血がたまるしくみになっていた）。

もちろん、蛇屋では胆のうも売っている。コブラの胆のうが袋にあふれるほど入っていて2000円。軽く500グラムはあった。徳之島の高橋さんにお土産で持って行ったらすごく喜んでくれた。「これはいいね。インドネシアに買い付けに行くよ」としきりに言っていたが、本当に行ったかどうかは聞いていない。

健康食品と並んでハブの引き合いが強いのが酒だ。これも滋養強壮に効くという触れ込みで、泡盛や焼酎などのアルコールにハブを漬けた「ハブ酒」として売られている。

価格はピンキリだが、ハブがまるごと入っていると500ミリリットル当たり5000円程度するのも珍しくない。健康食品と同じく決して安くはない。

奄美や沖縄では居酒屋でも飲めるし、沖縄県那覇市中心部の国際通りにはハブ酒を売っている専門店が何軒かある。そこで聞いたところによると、ハブ酒の原材料となるハブは沖縄本島産と奄美大島産がそれぞれ3割程度で、残りは徳之島や西表島、石垣島産という。新型コロナウイルスの感染爆発前は飛ぶように売れたらしいが、その後はさっぱりになったとか。買い求めるのは中国人観光客がほとんどだったそうだ。爆買い需要に支えられていたハブ酒は国内では行き場を失って、輸出が増えているとも聞いた。

ハブは、意外なところでは相撲部屋で人気だ。ハブ酒を力士が飲みまくるわけではない。ハブの油がお相撲さんの体には欠かせないという。

ハブはエネルギーを油として体内に蓄えている。腹部に真っ白い脂肪がくっついていて、特に出血をともなわずにきれいに取り出せる。切り出した後に熱処理すると、黄色に変色する。匂いがほとんどしない油のできあがりだ。油のまま使ってもいいし、油から製造した軟膏《なんこう》として使ってもいいが、それを傷口へすり込むとどんな傷でも治ると古くから伝えられる。油をもとにした塗り薬や貼り薬は多いが、ハブの油にもそうした効能があるとされている。日々の稽古で生傷が絶えない力士にとっては手放せないというわけだ。

奄美のハブセンターを訪れた際に、大量の油を箱詰めしている場に出くわしたことがあった。「それ誰が買うんですか」と作業中の中本英一所長（当時）に尋ねると「相撲部屋だよ。擦り傷にはこれが一番効くらしいよ」と言っていた。

猛毒の蛇として恐れられているハブは食用には向いていないものの（採算を度外視すればウマいが）、その内臓や油に熱烈なファンがいることがおわかりいただけただろう。

解体する際にまず剝ぐ皮も、他の蛇と同じようにベルトや財布、小銭入れなどに加工される。

8　ハブはマングースに勝てないのか

◆交わらない天敵？

「あの二人はハブとマングースだ」という言葉を一度は耳にしたことがあるだろう。一般的には「天敵」を意味する。

会社でいばり散らしていて好き放題やっているワンマン社長が家庭で妻に頭があがらないよ

うに、地域住民にとっては恐怖の存在であったハブの唯一勝てない相手がマングースとされていた。

「されていた」と記したのは、近年は専門家でなくてもこの通説が大きな誤解であると少しずつ理解され始めたからである。

結論から言ってしまうと、ハブとマングースは戦わない。ハブは夜行性で、マングースは昼行性だ。活動時間帯が違うから、戦うどころかほとんど出会わないというのが実情だ。どっちが強いかの議論以前に戦わないのだから、天敵どころか敵ですらない。

もちろん、出会う可能性も全くないとは言えない。ハブは夜行性とはいえ、昼間も巣穴の奥に隠れているよりは、薄暗い草むらなどに潜んでいる場合が多い。だから、昼間動き回っているマングースと鉢合わせしないとは言い切れない。

これは仮説になるが、マングースは鼻が利くのでハブがいるかいないかはわかるはずだ。仮に、いることがわかっていてもあえて襲わないのではと私は思っている。

実際、私が40年間奄美にいても、マングースの胃の中からハブが出たというのは聞いたことも見たこともない。私の経験だけでなく、マングースがハブを食べたという確かな記録は存在しない。

私はハブの糞の観察をライフワークにしており、1997年から2010年までに256個のハブの糞を調査したが、マングースの体毛をわずか一例確認できただけにとどまった。

つまり、ハブとマングースはお互いに積極的に関わらない。天敵ではなく、無関心こそハブとマングースの関係をあらわすのにふさわしい言葉なのだ。

では、多くの人が思うはずだ。なぜ、ハブとマングースがさも天敵かのような説がこれほどまでに流布されるようになったのか。

マングースが日本に上陸するのは1910年。東京帝国大学（現東京大学）の渡瀬庄三郎教授が29匹のマングースを沖縄に持ち込んだのがきっかけだ。渡瀬教授はインドの「コブラ対マングース」の対決ショーでマングースの雄姿を目の当たりにして、持ち帰ったと聞く。体長30センチ、体重500グラムほどの小型肉食獣に「ハブを退治する天敵」役が期待された。

奄美諸島にマングースが放たれたのは、それから半世紀以上経った1979年のこと。1950年代にハブの天敵になることを期待してイタチがまず放し飼いされたが、奄美大島ではイタチは全滅していた。こうした経緯もあり、ハブの駆除に頭を悩ます行政の意向でマングースが野に放たれたとの見方が支配的だ。ただ、誰がどのようにして放ったか公式の記録は一切無い。

なぜかいつのまにかマングースが野生化して、あれよあれよと右肩上がりに増え続けた。

この頃になると、専門家の間では夜行性のハブと昼行性のマングースが戦うのかと疑問視する声もあったが、ハブによる死者がまだ少なくなく、外来

生物への意識が極めて低い時代背景もあり、疑問視する声は大きなうねりにはならなかった。

一方で、野に放たれる前からマングースは沖縄や奄美では広く知られていた。観光客相手にハブとマングースショーが人気になっていたからだ。

このショーの歴史は長く、渡瀬教授が沖縄に到着してすぐに、記者向けに公開している。マングースがハブの首にかみつき勝利と当時の新聞にも載っている。これでは、マングースにハブを攻撃する習性があると誤解されてもおかしくない。

今では日本中どこであってもハブとマングースの対決ショーは開かれていないが、一時期は沖縄で数カ所、奄美と徳之島、鹿児島本土でそれぞれ1カ所ずつ開かれていた。

奄美では1960年頃から、後に名瀬市（現奄美市）に奄美観光ハブセンターを創設する中本英一さんが路上でハブとマングースを対決させていたと聞いている。

中本さんは地元の人ではなく、和歌山県出身。鹿児島市の寿司屋で働いた後、20代前半に奄美に移住した。奄美に来るまではハブとの接点は全くなかったらしい。

マングースはおそらく沖縄ルートで手に入れて、自分で繁殖させていた。ハブは保健所から借りて、保健所の庭に観光バスを呼び込んで、そして対決させる。

今考えると、ハブを借りるのも、保健所の庭で商売するのも明らかにおかしいが、誰も何も言わなかった。時代も奄美もどこか「緩い」ところがあったのだろう。

ハブセンターは1974年に建設されてからは奄美の観光名所になった。中本さんは自分でもハブを捕獲するし、民間で初めてハブの買い取りも始めた。ハブを使った健康食品や革製品も手がけ、私が奄美に赴任したときに中本さんの懐はかなり潤っているように見えた。

それもそのはずだ。毎日観光バスがハブセンターに横付けされて、ひっきりなしに人が建物に飲み込まれていった。どんなものかと私も見に行ったら、多くのお客さんが対決に釘付けになっていた。

ガラスケースの中にハブとマングースが入っていて、真ん中に仕切り板がある。中本さんがなめらかな口調で講釈して、「さあ、対決の始まり、始まり」と板を上げると、本当に戦い出す。

マングースはハブにフェイントをかけるように動いて、頭に横から咬みつく。これを見せられたら、マングースはハブと戦うんだと誰もが思う。

中本さんが言うには9対1くらいでマングースが勝つ。マングースの攻撃にハブが反撃しても、素早く身をかわし、最終的には頭にがぶりと咬みつく。実際、マングースの動きは非常に素早いのでこの動きに違和感はない。

だが、これには当然、からくりがある。ショーをやっている人は今はいないし、時効だろうから明かすと、トレーニングしないとマングースはハブを咬まない。

私が赴任した頃はすでに名瀬市の周辺ではマングースが野生化していた。中本さんは罠を仕掛けて捕っていたが、ある日、捕獲したばかりのマングースとハブの戦いを見せてくれた。

何が起きたか。お互いがそっぽを向いていて、全く戦わないのだ。まさに、無関心。「トレーニングしないと、こんなだよ。教え込まないとマングースがハブを咬むことはありえないよ」。中本さんの言葉は今でも覚えている。企業秘密なのか詳細までは教えてくれなかったが、「ハブの目が光っているあたりが重要なんだ」と言っていた。いまだにあの言葉の意味はよくわからないが、一時期観光客を熱狂させたハブとマングースの戦いは、中本さんの訓練のたまものだったのだ。このショーは、野生化したマングースの駆除作業が開始された2000年に中止された。

9 なぜ、私は40年、異動がなかったのか

◆奄美施設、閉鎖危機

今振り返ると、ハブを捕まえる罠の研究が一段落した時が、奄美を離れる可能性のあった数少ないタイミングだったのかもしれない。だが、結局、私はそれ以降も奄美にいた。予測不能な事態が研究所に起きたからだ。

そもそもの話からしよう。私が4～5年の通常の人事ローテーションからいつのまにか外れ

ていたのは、研究所全体の中に最適な後任者がいなかったからだ。私が研究者としてあまりにも偉大すぎて後任が簡単には見つからなかったというわけではない。医科研が感染症や伝染病に以前ほど真っ正面からは向き合わなくなったからだ。というと語弊があるが、日本では感染症や伝染病がかつてほど脅威でなくなり、20世紀末からは遺伝子治療などが研究の先端になったのだ。感染症は「終わった学問」とさえ言われていた。奄美支部と先端医療の距離が大きく離れてしまい、奄美を訪れる研究者の母数自体が次第に減少していた。

それでも、医科研には非常に大切にしてもらったと感謝している。この東京大学医科学研究所は東京都港区白金台に約6万9000平方メートルの敷地を持つ大きな研究所で、奄美病害動物研究施設は唯一の外部の附属研究施設である。予算を握る文部科学省を始めとして、お偉いさんはみんな奄美に来たがる。こっちから行きますと言っても「いや、行きますよ」と言って聞かない。ぜひ奄美大島を見てみたいのだ。そういう意味では、奄美施設は医科研にとって研究内容以上に便利な存在だったのかもしれない。

とはいえ、奄美大島をアピールするために研究施設を置いておくほど日本の大学の研究予算は潤沢ではない。

2000年初頭には奄美施設が存亡の危機にあったのは前述の通りだ。いや、むしろ、99％閉鎖されてもおかしくない状況にあった。医科研のトップである所長が突然、「奄美施設はもう要らない。潰そう」と決めてしまったのだ。

所長は奄美の研究体制や成果に不満を持っていたわけではない。単純に時代に合わないと考えたのだろう。といっても、それまで一度も奄美を訪れる機会はなかったから、実際の現場は把握していないのだが。

そこで、甲斐知恵子奄美施設長（当時）が「せめて1回は見学してくれないか」と所長に頼み込んで、「じゃあ、最後に見に行くか」という流れになった。そうはいっても所長の気持ちは揺るがない。羽田空港で搭乗するときも、「方針は変わらないからね」と付き添いの関係者に漏らしたほどだ。

この時、私たちは奄美の空港への迎えに遅れてしまう。所長は私を見るや「遅いぞ、服部君」といいながらも、特にいらだっている様子は無かった。むしろ、飛行機から降りるときに見た海の美しさに心を打たれたのか上機嫌だった。研究所に向かう車中では、こちらは閉鎖の話になるのかと思っていたら、「奄美ってサル飼えないの？ 感染実験やろうよ」となぜか閉鎖どころか、研究所の大幅な拡充を提案してきた。奄美の自然が所長のかたくなな気持ちを一変させてしまったわけだ。

結局、反対も小さくなかったが、所長の一存で2003年に「P2」と「P3」レベルの感染実験施設が実現した。これは世界で最も小さいP3施設だと思う。地域との結びつきや自然環境の良さなど、本当の理由は他にもあったかもしれないが、私は知らない。

◆感染実験と奄美

「P２」「P３」とは何か。感染実験を行う実験施設は扱う病原体によって安全基準が異なる。病原体の危険性によって実験できる施設が限られてくる。「P」は物理的封じ込め、physical containment のPで、P１（人に無害な病原体を扱う）、P２（季節性インフルエンザ、食中毒、はしか、水疱など）、P３（狂犬病結核菌、HIV、SARS、MERSなど）、P４（エボラ出血熱、ラッサ熱など）と数字の大きさと比例して封じ込めレベルが高くなる。

この分類からもわかるように、P３は求められる管理基準が高い。まず、実験計画書を提出して認可を受ける必要がある。実験を途中で止めた場合には動物を何頭処分するかなどマニュアルで細かく規定されている。新しい実験を始める度に、関係者は動物実験や病原体、危機対応の講習を東京で受ける。現場でやった方が良いに決まっているし、何人ものメンバーで行くのも面倒なので、「こっちに来てくれたら助かるんですが」と申し訳なさそうに伝えたら、講義の担当者が頻繁に来るようになった。みんな、奄美に行きたいから喜んで来てくれる。

実験は始まる前も準備が必要だし、始まってからも多忙だ。始まれば連日となり、一日の拘束時間も朝から夜遅くまで。それを私ともうひとりの研究者（倉石武特任助教＝当時）で事実上回さなければいけない。

実験しながら、動物の飼育にも追われる。動物は多いときにはカニクイザルが20頭、リスザルが50頭、ヨザルが10頭。感染実験できる動物の檻の数は登録しなければいけないので、無闇に動物の数を増やすこともできない。育てながらやりくりしなければいけない。もちろん、数が足りないなどとなっては大騒ぎだ。

前置きが長くなったが、この実験施設の設置が私の人生を完全に決定づけた。

というのも、大学の研究施設で動物実験を実施するには常勤の管理獣医師を指定しなければいけないのだ。奄美施設のスタッフは4人、そのうち二人が研究者だが獣医は私しかいない。獣医といっても私が正式に免許をとったのは2000年初頭のこと。感染実験が始まるのが現実的になってからだ。1990年代末から麻酔薬の取り扱いなど一部の薬物の取り扱いが厳格になって獣医師免許が必要になった背景もある。

獣医の国家試験は大学時代に合格していたので獣医の資格はあったが、普段は特に意識していなかった（奄美に赴任した当初は動物病院もほとんどないので、「服部さんは獣医らしい」との話が広まり、犬や猫の相談にも乗っていたが）。正式に獣医師の免許が必要となり、合格証を探したが、どこを探してもない。「あれ、試験に受かっていなかったかな。もしかしたらあれは幻だったのか」と不安になり、東京出張の際に農林水産省で調べてもらったら、やはり合格していたが、未登録だった。その場で3万円を払って登録してから思い出したが、学生時代は金を払うのが嫌で免許を取らなかったのだ。

多くの関係者が心配したはずだが、サルを使用した感染実験への抗議活動もなかった。本部からは、地元へは情報を出すなと言われていたが、私はマスコミ関係者や町長、議長、役場の職員、集落の方々などに、「サルにウイルスなどを感染させる実験を始めるんだ」と教えていた。動物実験棟の工事が始まっているので、狭い町の中のこともあり、多くの人が興味を持っていたし、リスザルの飼育繁殖は１９８１年から始まっていた。地元の人もマスコミ関係者も感想は同じだった。「それがあなたたちの仕事でしょう」。本当にありがたい島だった。

ただでさえ、「服部を奄美に置いておくと便利だな」と東京に思われていたところへ、私がいないと動物実験もできないという実務上の問題も生じるようになった。そうなればいるしかない。この時、私は50代だったこともあり、「こりゃ、奄美に定年までいるな」と悟った。私自身は、奄美の生活は楽で気に入っていたので特に不満はなかった。奄美の緩さが合っていたし、大好きな動植物へのアクセスもしやすい。医科研は、所長はもちろん奄美の施設長も東京にいたので、上司もいない。公私ともに最高だった。

妻には「まさか40年いるとは思わなかった」と喧嘩する度に小言を言われるが、私だって50代になるまでとは思わなかったのだから、「そんなことを言われても……」というのが本音だ。妻に何か言われてもハブのようにじっと黙り、寝たふりをしている。

コラム1

過酷な自然は無理……な人におススメの2カ所

「奄美の自然は知りたいけれども、危険な山や川にいくのはちょっと……」「そもそも『奄美の自然』と言われてもハブ以外よくわからないし」という方におススメなのは奄美群島国立公園内にある「奄美自然観察の森」だ。奄美大島固有の動植物が観察できる人気の観光スポットで、施設の老朽化のため2017年に再整備に着手し、2022年10月に再オープンした。

約4万7600平方メートルの敷地に、奄美固有の動植物を観察できる遊歩道や龍郷《たつごう》湾を望む展望台などを備えている。樹齢100年以上のアコウの大木を観察できる木道も整備した。動植物に詳しくなくても新たに完成した「森の館」では、ルリカケスなど、園内でも見られる奄美の固有種を写真やパネルで紹介している。

夏に訪れれば、光るキノコの一種「シイノトモシビタケ」を見られるかもしれない。「観察の森」ではホタルと並んで初夏の風物詩だ。高さ数センチと目立たないが、夜になると、笠と柄のあたりが緑色に光る。朽ちたシイの木に生え、暗闇の中で点々と光る光景は幻想的だ。

冬の奄美を訪れる人は多くないかもし

れないが、冬場はシイの木の根元にクリーム色の「ヤッコソウ」が無数に現れる。奄美の隠れた冬の人気者だ。

高さ5センチほどの多年生植物で葉緑素を持たない。上部に雄しべや雌しべ、その下にうろこ状の葉があるのが特徴だ。この珍奇な植物を「やっこさんに似ているから」ヤッコソウと命名したのが牧野富太郎だ（2023年上半期に、牧野を主人公のモデルとして放送されたNHKの朝ドラ「らんまん」の第19週の週タイトルが「ヤッコソウ」だった）。「観察の森」では遊歩道沿いで見ることができ、ヤッコソウ目当ての観光客も多い。

夏でも冬でもシイの木に着目していると、面白い出会いがあるかもしれない。

ガイドブック的な案内をしてくれる場所もある。奄美の自然を体系的に学べる「奄美大島世界遺産センター」（奄美市住用町）だ。世界自然遺産登録から1年の2022年7月に開館した。

ジオラマや映像で島の多様な動植物を紹介している。野鳥の鳴き声が響き渡り、動植物135種を剝製で展示するなどして、奄美の森の中を再現。森林散策を疑似体験できる。

ここに行けば奄美の自然がまるっとわかる仕組みになっている。

来館者数はオープン1年足らずで10万人を突破した。カヌー体験ができるマングローブに隣接して、近くにはアマミノクロウサギを夜間観察できる市道三太郎線があるため、観光コースの一つにすでに組み込まれている。

Ⅱ部　奄美で自然まみれ

10　奄美のおススメ10スポット

◆世界が認める奄美の自然

2021年の世界自然遺産への登録をきっかけに、奄美に関心を持った人も多いだろう。奄美は自然が豊かで独特の生態系があるとのイメージを持つ人もいる。実際に自然遺産の評価の対象も「生物の多様性」だ。そして生物と言えば私の出番だ。

元々は哺乳類の動物実験で赴任したのだが、ハブの研究を丸投げされたことから、いつのまにか専門になった経緯は話したが、山に出歩くようになってからは40年間、土日は昆虫と植物の観察に出かけていた。平日は研究所、週末は山。島根の山奥育ちの妻が「たまには晴れた日に街へ一緒に行きたい」とぼやくくらい私は家にいなかった。ざっと計算しても、月に8日、年間で100日弱。もちろん、雨の日は行かないが、少なく見積もっても40年で4000日以上は、妻ではなく、動植物を見つめていたことになる。

奄美に住む人は、自然が特に珍しくないから、そんなに山を歩かない。本土から来た人の中には一緒に山歩きする人もいるが、私ほど長い間奄美に居を構えていた人はいない。こちらは山中探索をライフワークにして山に入り浸っていただけだが、そういう存在が珍しかったからか、世界自然遺産登録の関連会議に奄美の代表者として名を連ねるようになった。

40年間、奄美の動植物を間近にみてきた身としては、独自の進化を遂げた生態系は本当に面白い。

沖縄と同じ南国でも、奄美大島はビーチリゾートの開発が進んでいない。それは逆に、大自然が残っていることの裏返しだろう。実際、私も山を歩いていて、「さすがにここから先は行けないな」と断念したことも多い。40年いても知らない場所、足を踏み入れられない場所もいくつもあった。そして、2021年9月に奄美の自然の奥深さを改めて思い知らされるニュースが飛び込んできた。

◆21世紀の日本にも測量できない場所がある

奄美市名瀬在住の写真家浜田太さん(67)が10日、奄美市役所で市と共同記者会見を行い、「奄美市名瀬小湊地内で巨大滝を発見した」と発表した。市が現地測量調査に協力し、落差は181メートルと公式発表した。これは九州一だという。市はこの滝の名称公募を行う。

　浜田さんは1997年、アマミノクロウサギの写真集をつくるにあたり、人跡未踏の自然を撮影しようとして奄美大島東海岸線を撮影。そのときにこの滝の存在を知ったが、当時は船上からの撮影だったので、これほどの落差があるとはわからなかったという。

　2020年5月にこの滝をドローンで撮影したところ、これまで海から見えなかった上部にも滝が続いていることがわかり、滝口からの落差をGPSで計測したところ、かなりの高さであると判明。21年7月に同市役所に正式な落差を計測して公式発表してほしい旨を依頼。市とともに8月26日に陸上、28日に海上から測量調査を行い、181メートルと正式に測定された。（奄美新聞9月10日付）

　私はこの発見を人づてに聞いたが、「えっ、それどこ？」と当初、滝の場所がわからなかった。インターネットで配信されているニュースの写真を見てもよくわからない。というのも、写真はドローンで撮影されているので、誰もそのような滝の全景は見たことがない。見たことがない滝だから、今回の発見になったわけだ。

　報道にもあったが、滝の存在は漁師やマリンレジャー関係者などには知られていたが、海から見える部分だけで、全容が分かっていなかった。私の場合、真逆の立場だった。山歩き派なので、漁師の方と違って、滝の上の方は知っているが、下の方はわからない。滝の存在は知っていたが、こんなに大きな滝だったのかというのが正直なところだ。滝壺が険しい岩場だったので海からは近づくことができなかったと報道されているが、上の方も山の斜面が厳しく、近寄れない場所だ。

とにもかくにも、「21世紀の日本で測量できていない場所があるってどういうこと？」と多くの人は驚いたはずだ。そして、この報道に関心を抱いた人は気づいただろうが、どのメディアも「奄美市が確認した中では九州一」と伝えている。この一文は、まだまだ奄美には確認できていない場所が多いことを物語っている。

奄美大島は雨が多い。奄美市名瀬の年間平均降水量は2800ミリである。梅雨の長雨が続く5月、6月と、台風シーズンの8月、9月は特に多い。時間雨量が100ミリを超えることも珍しくない。気温、湿度ともに高い奄美大島の森では、落ち葉の大部分は腐葉土層を作る間もなく分解されてしまう。そのために、土地の保水力が低く、大雨が降ると速やかに下流に流れ落ちる。そして普段は滝があるなどと思ってもいない場所に突然滝が現れる。まだ見つかっていない滝も数多くあるはずだ。

観光客の中にはこうした未知の場所に惹かれる方もいるだろう。もちろん、「奄美の未知の自然を味わいたい」と地図を頼りに一人で山に入りたければ、私は止めない。とはいえ、山歩きには知識が必要だし、リスクも認識しなければいけない。ここでは、雨にも風にも負けず

（負けた日も多いが）、40年間奄美を見続けた私なりの自然の歩き方を紹介したい。

◆今や奄美のシンボル、アマミノクロウサギ

この40年の変化で驚くのはアマミノクロウサギ（次ページ写真）の人気の高まりだ。私が赴任したときは「奄美に来たから、クロウサギを見たい」と話す観光客は皆無だった。存在は知っている観光客も、簡単には見ることができないと思い込んでいたのだ。

それがどうしたことか。奄美の生き物のシンボルといえば、今ではアマミノクロウサギが絶対的な存在だ。空港で定期的に実施している観光客向けのアンケート結果を見ても、ほとんどの人がアマミノクロウサギの存在を認識している。認識しているだけでなく、奄美滞在中に2割以上の人がクロウサギを実際に見たと回答している。野生のハブは見たことがなくとも、野生のクロウサギを見たという人はわんさかいるのだ。ハブ研究者としては「奄美といえばハブでしょ」と言いたいところだが、いかんせん見た目のかわいさからして勝負にならない。

２０２３年の6月にＮＨＫの「ダーウィンが来た！」の奄美特集に、ハブを解説するために生放送で出演した。その際も、アマミノクロウサギを生放送中に見られるかが焦点となっており、改めて人気の高さを実感した。

アマミノクロウサギを知らない人もいるだろうから簡単に説明すると、奄美大島と徳之島にだけ生息する体長50センチ前後のウサギだ。クロウサギというから全身真っ黒と思われがちだ

が、体の色は黒褐色に近い。ふつうの野ウサギより短い耳と小さな目が特徴で、どちらかと言えば大きなネズミという感じだ。隔絶された環境の中で独特の進化を続けたこともあり、現存するウサギの中で最も原始的な特徴を残し「生きた化石」ともいわれる。

　私たちが本土で慣れ親しんでいるウサギとの違いはまだある。多くのウサギは多産だが、アマミノクロウサギは年に1、2匹しか子を産まない。また、ウサギは一般的に鳴かないと思われがちだが、アマミノクロウサギは夜になると高い鳴き声でコミュニケーションをとる。

　この習性は長い間、知られていなかったらしく、江戸時代唯一のクロウサギの史料といわれる『南島雑話《なんとうざつわ》』（幕末の薩摩藩士が5年の奄美滞在中に民俗から動植物まで幅広く記録した地誌）にも鳴き声の記録はない。鳴く姿を最初に目撃したのは子供といわれている。1964年6月に学校の飼育施設で夜間観察中、巣穴から出て来たクロウサギがピューイッ、ピューイッと鳴いたという。

　大陸にいたウサギで声を出す種は、イタチなど肉食獣の登場で絶滅したといわれている。鹿児島県の奄美大島と徳之島は、かつてユーラシア大陸の一部だった。地殻変動によって大陸から切り離され、分離と結合を繰り返したことで、アマミノクロウサギは奇跡的に生き残った種といえる。

国の特別天然記念物に指定され、国際自然保護連合（ＩＵＣＮ）は「絶滅危惧種」としている。森林伐採や野に放たれたマングースによって捕食され、個体数が激減した時期もあったが、近年は保護政策により、山道を歩いているとクロウサギの糞を見かける頻度も増えている。関係者に話を聞いても、マングース駆除の成果もあり、最近は明らかに個体数が増えているという。島内各所で生息の痕跡が発見されている。

「いつ、どこで見られるか」というと、夜行性のため、夜しか見られない。夜間の学校でハブを調査していた時も、遠くから見て、校庭に小さなイノシシがいるなと思ったら、クロウサギだったことがある。そういえば、その夜、校門にはイシカワガエルが乗っていた。奄美の夜の学校は生き物のワンダーランドだ。

こう書くと、奄美の夜の学校に行きたくなるだろうが、もちろん、観光客が夜の学校に侵入することはできない。そうした人におススメなのがガイド付きのナイトツアーだ。アマミノクロウサギや野鳥のオオトラツグミなど奄美の固有種を夜間に観察できる。ただし、資格と知識を持っている案内人をきちんと選んでほしい。

◆旧国道三太郎峠《さんたろう》のナイトツアーは鉄板コース

奄美大島の森は眠らない。奄美の自然のシンボルであるアマミノクロウサギを筆頭に夜の森で多様な生き物に出会えるナイトツアーの人気は高い。

ナイトツアーのコースとして有名なのが島中東部の旧国道三太郎峠だ。中心市街地から住用《すみよう》町《ちょう》の峠道の入り口まで車で約30分とアクセスも抜群。住用町東仲間《ひがしなかま》から旧国道58号線のクネクネした山岳路を登り、350メートルの峠の最高点を越えて西仲間に下る8キロほどのルートである。

日が暮れると、エコツアーガイドの車、レンタカー、自家用車などが行き来する。多くの車が時速10キロ以下を守って、ロードキルの発生を防ぎ、固有種、希少種と身近に生活する環境を維持している。ゆっくり走ることもあり、ルートを走るのには2時間半程度かかる。途中には携帯電話基地局や浄水施設などはあるが人家はない。

奄美の林道を走っていてアマミノクロウサギに出くわす機会は少なくないが、旧国道三太郎峠では本当によく遭遇する。

森の中は樹木が生い茂っていて暗い。クロウサギは日当たりの良い道路端に繁茂する草を食べるため、夜になると森から道路に出てくる。

車が来たら、消えてくれればいいのだが、道を横切りもせずに、道端でそのまま動かないケースもしばしば。こちらは、急に飛び出してきて轢かれやしないかとヒヤヒヤする。

私は世界自然遺産の妥当性を判断するためにＩＵＣＮが査察に入ったときに同行した。このコースを夜間に２回（２０１７年、２０１９年）通ったが、２０１７年の視察時の段階でクロウサギに会えるナイトツアーコースはすでに有名だった。10台近い対向車とすれ違ったが、それでも10頭近いクロウサギをゆっくりと見ることができた。というのも、ウサギが妙に車慣れしていて動かないからだ。対向車とすれ違った直後でも道端で草を食《は》んでいるウサギがいたり、車が何台通過しても隠れることなく道端に居続けるウサギすらいたりして、嬉しい反面、「大丈夫か」と不安にもなった。

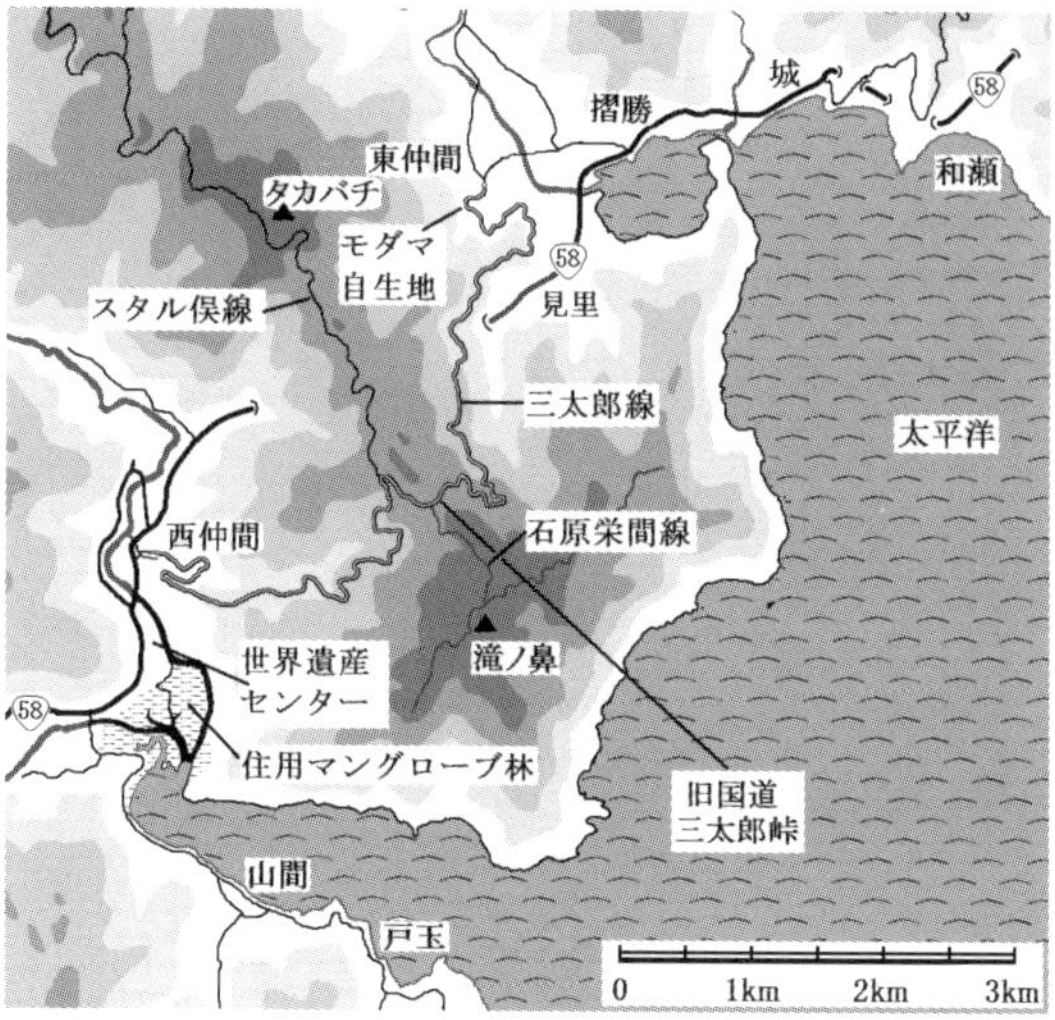

　夜の奄美は生き物天国だ。マングースの駆除が成功したことで、アマミトゲネズミやケナガネズミなども多く見られる。２０１９年の再視察のときは、道路上にいたアマミトゲネズミが道路擁壁法面《のりめん》の排水用塩ビパイプに逃げ込むというハプニングもあった。

　旧国道三太郎峠は鳥を夜間でも見られる場所でもある。道路上にはアマミヤマシギが頻繁に現れ、車が近づけば飛び立つ。夜間の道路の周辺は野鳥のねぐらになっている。ルリカケス、オオトラツグミ、アカショウビンなどが枝先で眠る。夜行性のリュウキュウコノハズクは樹上から道路上の獲物を狙っている。

両生類、爬虫類も多い。アマミイシカワガエル、オットンガエル、アマミハナサキガエルなどの人気者やハブ、ヒメハブ、アカマタなどの蛇もよく登場する。希少種や奄美の生き物を体感するにはもってこいのスポットだ。

夜の賑わいとはうって変わって昼間の旧国道三太郎峠は静かな森である。車とすれ違うこともほとんどないが、昼間は昼間の楽しみ方がある。面白い植物に出会える場所なのだ。谷全てから周囲の斜面まで広い範囲を覆うモダマの蔓《つる》には圧倒されるはずだ。長さ1メートルを超える巨大なモダマの豆サヤ（左ページ）がずらりと垂れ下がっている様は圧巻だ。

ホソバイワガネソウ、オキナワクジャク、リュウキュウスズカケ、リュウキュウサギソウ、キバナノセッコク、ヤクシマヒメアリドオシランなど多くの希少植物の姿もある。

新型コロナウイルスの流行が収まれば多くの観光客がクロウサギ観察ツアーに押し寄せる可能性が高いため、夜間の通行規制が検討された。現在は「三太郎線周辺における夜間利用事前予約システム」により、東西両側の入口から30分に1組の入域に制限されている。支線のスタル俣線は進入禁止、石原栄間《えいま》線は事前申請が必要になった。速度は時速10キロ以下とか、生き物を探すライトは車1台につき1灯とか、車同士のすれ違い方、追い抜き方など細かく注意事項がウェブサイトに列記されている。

特に国道付近などでアマミノクロウサギの轢死《れきし》が多い。アマミノクロウサギの交通事故死は２０２０年、奄美大島と徳之島で計66匹、２０２１年には81匹、２０２２年には１４７匹と最多を更新している。

ナイトツアーのルートはゆっくり走るが、ルートを抜けると時速80キロくらいにスピードを上げる車も多い。「アマミノクロウサギに注意」、「クロウサギが通ります」と警告の看板も出ているが、奄美での運転に慣れていないドライバーにしてみれば、時すでに遅しでもうスピードを出してしまっている。他にも「ケナガネズミ注意」、「トゲネズミ注意」、「アマミヤマシギ

注意」などとやたら看板が目立つ。生き物好きな人を除けばケナガネズミもトゲネズミも「ネズミはネズミだろ」くらいの感覚で、なぜ注意しなければいけないかもわからないだろうが、とりあえず速度を落とすのが吉だ。その種の看板は急カーブなどに多い。希少種保護はもちろんだが、警戒していないと、飛び出てきた生き物に驚き、事故につながるからだ。道路管理関係者に聞いても「あれらの看板は人間のためですよ」と言う。確かに

車が行き交っても、道端で平気な顔でたたずんでいるクロウサギもいるわけだから、峠に慣れない人間の方がよほど危ない。

◆クロウサギと思ったら、ネズミ。でも貴重なネズミ

「あっ、道端で何かぴょんぴょん跳ねている」

旧国道三太郎峠では、アマミノクロウサギかとよく見るとネズミ、しかもトゲネズミということも珍しくない。以前は一つの種とされていたが、研究が進み、島ごとに別種で固有の「アマミトゲネズミ」「トクノシマトゲネズミ」「オキナワトゲネズミ」に分類されている。

体長は15センチ前後。ぴょんぴょんと跳ねるように移動するが、この動きはハブの攻撃をかわすためといわれている。ハブの脅威にさらされ続けた歴史の中で、生き延びるために獲得したのだろう。大ピンチに陥った時は数十センチの大ジャンプを披露してハブから逃げる。

アマミトゲネズミとトクノシマトゲネズミは不思議なネズミだ。哺乳類がオスになるのを決定づける「Y染色体」を持たないにもかかわらず、オスとメスが存在する。動物の性別を決定づけるカギを握っているのではと注目度も高い。

トゲネズミはケナガネズミとともに国の天然記念物に指定されている。ケナガネズミは日本産最大のネズミで、奄美大島と徳之島、沖縄本島だけに生息する。背中に生える長い毛が名前の由来とされ、体長は30センチ程度、尾の長さも同じくらいある。

トゲネズミもケナガネズミも環境省のレッドリストに記載された絶滅危惧種だ。だが、ハブの攻撃はぴょんぴょん避けるトゲネズミにも「天敵」はいる。「ノネコ」、つまり野生化したネコだ。

マングース駆除を進めた成果で希少動物の生息数は回復傾向にあるが、ノネコが新たな脅威となっている。その食性を調べた結果、哺乳類を好んで食べる傾向がわかっている。つまり、トゲネズミやケナガネズミ、アマミノクロウサギは格好の餌食というわけだ。

ノネコは市街地の野良猫や飼い猫が山中で野生化して繁殖して増えたとみられている。世界遺産登録にあたってユネスコの諮問機関（ＩＵＣＮ）が問題視したため、２０１８年に奄美大島の一部で捕獲が始まった。２０２３年６月時点で４６６匹が捕獲されている。奄美ノネコセンターで避妊去勢手術、ウイルス検査をした上で、希望者に譲渡している。ただ、23年2月時点では全島21地区のうち、約４割の面積を占める９地区で捕獲作業が未着手だ。捕獲エリアの全域拡大は計画より約2年遅れている。

希少種にとって、これまで島には敵となる肉食哺乳類がいなかった。ハブからは逃げる術を持っていても、マングースやノネコから逃げる術はＤＮＡに刻まれていないのだろう。捕獲が遅れれば遅れるほど、被害が膨らむ可能性は高い。

マングースもノネコも元をたどれば人が野に放った。人の手でどうにかするしかない。

◆奄美といえば金作原《きんさくばる》原生林

奄美市中央部（旧名瀬市中心部）から車で約40分。「奄美に行って自然を満喫した！」と満足して帰るのに、金作原原生林よりふさわしい場所はない。

約122ヘクタールの亜熱帯林に足を踏み入れれば、原始時代にタイムスリップしたような風景が広がる。今にも恐竜が飛び出してきそうな雰囲気には大人でもワクワクが止まらないはずだ。それもそのはず。高さ10メートルを超える根茎《こんけい》を持つヒカゲヘゴは恐竜時代を生きたシダ植物の仲間。原始時代にタイムスリップした感覚に陥るのは不思議ではないのだ。90年代に写真家の浜田太さんが撮影、発表して以来ヒカゲヘゴの下での撮影は奄美でも人気スポットになっている。その奄美観光を変えた「風になれ。」のポスターが左ページの写真だ。

ただし、である。観光ガイドなどには「原生林のヒカゲヘゴ」と奄美の原生林の象徴のように紹介されるが、実はヒカゲヘゴは原生林の植物ではない。伐採地や崩壊地の谷沿いに最初に発芽する「パイオニア植物」の一種である。

30年くらい前は今の半分くらいの高さだった。光を遮《さえぎ》りながらもズンズン成長しているが、決して暗い日陰が好きなわけではない。むしろ、太陽の光が降り注ぐ明るい環境が必要で、周りの広葉樹に頭上を覆われると枯死する。つまり、現在の金作原でのヒカゲヘゴの環境はベストとはいえない。限界を超えてさらに上に伸びようとしている姿はギリギリ生きている状態にも見える。

だが、奄美の観光を考えれば、「原生林のヒカゲヘゴ」でありつづけなければいけない宿命を残念ながら背負ってしまっている。いや、我々が背負わせてしまっている。ここを訪れる大半の人は、ヒカゲヘゴの下で「恐竜が出てきそう」とワクワクしながら撮影したい。そして、観光資源として考えるなら、奄美の人たちもその楽しみ方はもっともだと感じている。金作原で森の気分を味わい、隣の住用町のマングローブ地帯で遊んだり、海に入ったりして、焼酎を堪能した上で、「世界自然遺産の奄美って最高だね」と満足して帰ってもらいたい。

とはいえ、金作原には自然を味わえるディープな楽しみ方もある。多くの希少植物が自生していて、タカツルランやアマミサクライソウ、ナゼカンアオイはここ以外ではなかなか見ることができない。林道わきにもアマミテンナンショウやタネガシマムヨウラン、ナゴラン、キバナノセッコクなども数多く見られるので植物好きは飽きないはずだ。

金作原周辺は今でこそ動物も固有種を数多く見かけるが、１９９０年代にはマングースの増加により激減していた。ア

マミノクロウサギ、アマミトゲネズミ、ケナガネズミ、アマミヤマシギだけでなく、トカゲ類、ヘビ類、カエルもほとんど見かけなくなった。

その後、地道にマングースを捕獲し続け、2005年ころから金作原にアマミノクロウサギの糞などの痕跡が2年に一度くらい見つかるようになった。アマミヤマシギ、ハブ、トカゲ類、カエル類なども次第に目に付くようになった。2020年冬には大量のアマミハナサキガエルが金作原の沢で産卵行動に入り、車での走行に時間がかかるほどに回復した。その場に居合わせた環境省の職員は涙を流して喜んでいた。金作原は奄美の自然がマングース被害で壊滅的な状態になり、その回復ぶりを物語る場所でもある。奄美大島だけで見られるルリカケス、オオトラツグミ（右）、オーストンオオアカゲラ（左ページ）など貴重な野鳥のすみかでもある。

ちなみに、金作原原生林はレンタカーでは入れない（あくまでも自主規制だが、道が狭いこともあり、環境保護のために禁じられている）。自家用車での入林も舗装路が切れる金作原域の入口までだ。そこからゲートまではエコツアーガイドを伴って歩いていくほかない。

エコガイドツアーは市街地を出発して1回3～4時間。金作原にずっといるのではなく、午前か午後を金作原で過ごし、その前後は名瀬でおいしい食事を堪能する。これが奄美観光の人気コースのひとつだ。

ツアーは6人から10人くらい乗れるバンで、手つかずの自然にじかに触れられる。道が狭いので、なるべく一方通行を実現するために、行程もきめ細かく決められている。管理された林道入口にはゲートが設置され、歩いて入林する。

ちなみに、2023年6月になり、金作原原生林の1・5キロほど手前に、環境保全型トイレが整備された。微生物の分解作用を活用してし尿を処理する仕組みだが、トイレの仕組み以前にトイレの設置そのものが朗報である。関係者のだれもが待ちに待っていたといってもいいだろう。「えっ、1・5キロ手前って近くないですよね。不便では……」と思われるかもしれないが、これまで、最寄りのトイレは名瀬運動公園で原生林からは15キロほど距離があった。1・5キロがどれほど近いか、いかに待望のトイレかがわかるだろう（これまでツアーでは運動公園でトイレ休憩をした後、金作原を目指したが、その間も着いてからもトイレが全くなかったのだ）。

ツアーはもちろん有料だが、経験豊かなガイドの説明は聞いているだけで楽しい。マリンスポーツと並んで観光客を惹きつけているのも納得だ。コロナ禍を経て、観光客が戻っている状況のため、人気が過熱しており、「金作原ツアーを予約できない」との声が増えている。

◆奄美大島の最高峰湯湾岳《ゆわんだけ》は希少動植物の宝庫

奄美大島の宇検村《うけんそん》と大和村《やまとそん》の境界に位置する湯湾岳は、南西諸島で最も不思議な場所だ。トカラ列島北部の宝島、小宝島から八重山諸島の石垣・西表島とその周辺離島までを中琉球と南琉球と呼ぶが、その中では最高峰である。といっても標高は694メートル。東京八王子の高尾山と大して変わらない。

なぜこの場に私が惹かれるのか。奄美・沖縄は固有種が多いことで知られているが、湯湾岳山頂付近はさらに独特の生態系があり、世界でここでしか見ることができない固有種が多いからだ。

植物ではアマミヒイラギモチ、アマミアセビ（写真）、アマミヒメカカラ、ユワンドコロ、サツマオモトなど、昆虫ではアマミナガゴミムシ、マルダイコクコガネ（左ページ写真）、シリアゲムシの未記載種、キマダラツチスガリなどが知られている。

天然記念物であり、国内希少野生動植物種に指定されているアマミノクロウサギ、アマミトゲネズミをはじめとする多くの動物の生息地でもある。

特に植物は前述以外にも豊富で、マニアにはたまらないだろう。国内希少野生動植物種に指定されているコゴメキノエランの自生地であり、ミヤビカンアオイ、アマミエビネ、コケセンボンギクなど、環境省のレッドリスト記載種で絶滅危惧ⅠA類、ⅠB類に指定されている植物も30種類以上が記録されている。

このように、湯湾岳の山頂には「世界にここだけの固有種」がいくつも存在する。その理由は誰もが気になるだろう。はっきりしないが、私は寒さを求めた生き物たちが奄美の中では寒冷地にあたる湯湾岳で生き残ったのではないかと仮説を立てている。というのも、2020年に奄美から島根県に引っ越した時に、奄美大島の標高の高い場所に自生する植物を何種類か持ってきた。成育環境が一変したわけだが、元気がなくなるどころか、島根に来てからえらく元気に育っている。おそらく、奄美の平地では暑すぎたのだろう。

◆奄美の地理ができあがるまで

この現象は、奄美ができあがった歴史を考えれば不思議ではない。少し長くなるが順を追って説明しよう。

　奄美大島のほとんどは堆積岩でできている。堆積岩は泥、砂、火山灰、生物の死骸などが長い年月をかけて固まって岩になったものだ。湯湾岳から枝手《えだて》久《く》島《じま》、曾《そ》津《つ》高崎《こうざき》周辺、加《か》計《け》呂《ろ》麻《ま》島《じま》北西部、与《よ》路《ろ》島《じま》、請島《うけじま》の大山《おおやま》一帯が最も古く1億5000万年前という地質年代になっている。これは1億年以上前（中生代ジュラ紀）に湯湾岳ができたという意味ではない。1億年以上前に太平洋の底に堆積した泥が長い年月をかけて押し上げられて湯湾岳を作ったことを意味する。

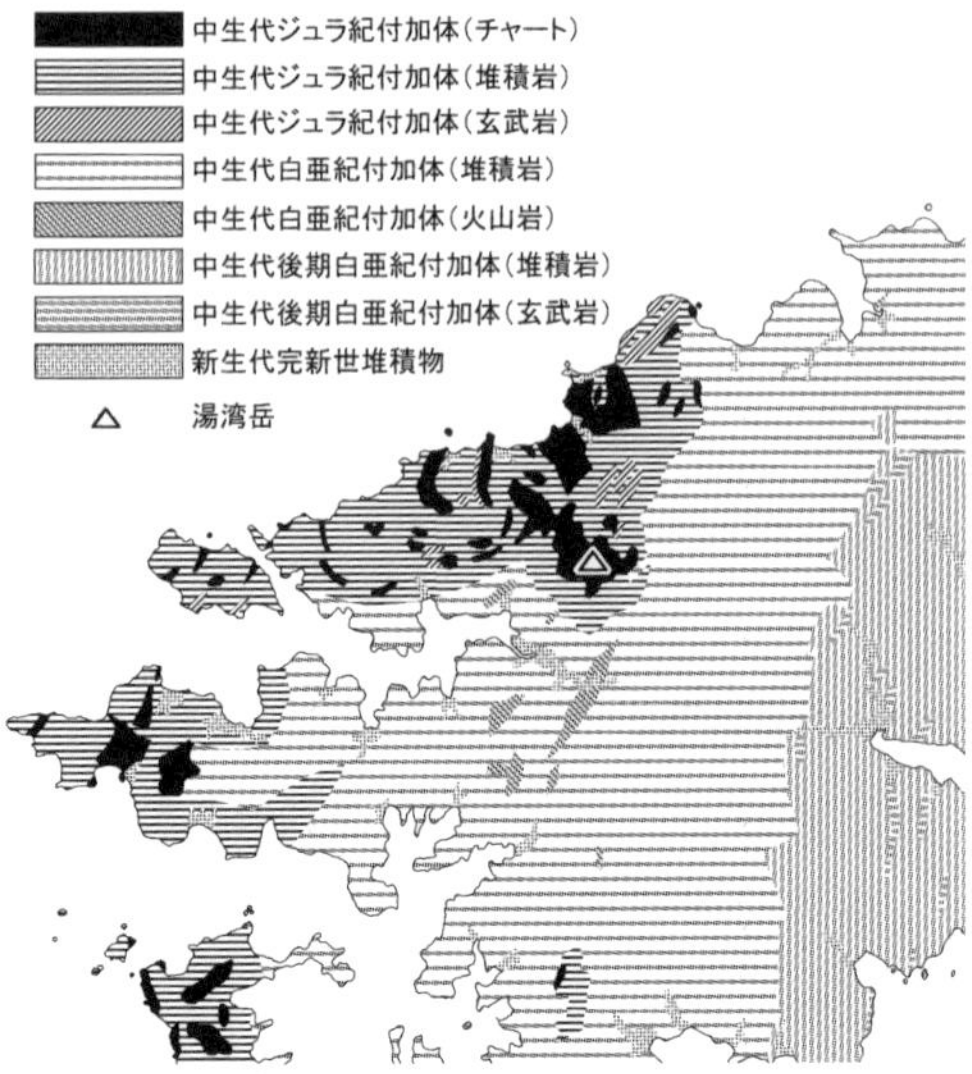

湯湾岳周辺の地質図（産総研地質図Navi https://gbank.gsj.jp/geonavi/geonavi.php#12.28.24593.129.28142 を編集）を上に示したが、△マークが湯湾岳山頂である。なぜか奄美大島の最高峰が最も古い中生代ジュラ紀に起源を持つ堆積岩になっている。ジュラ紀、白亜紀、新生代の順に古い。
　このことはプレートテクトニクスで説明できる。南西諸島が面する太平洋底が載るフィリピン海プレートは、少しずつ移動してユーラシアプレートの下に沈み込んでいる。まさに沈み込

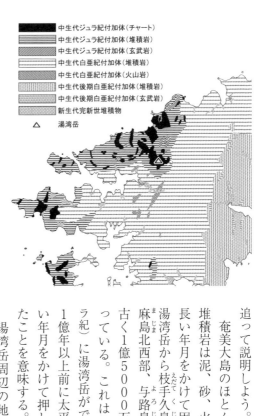

みの位置が琉球海溝（南西諸島海溝とも呼ばれる）になる。フィリピン海プレートが沈み込むときに海洋底の堆積物は剝ぎ取られて下から上へと押し上げられながら岩になっていく。堆積物が泥であれば泥岩に、砂であれば砂岩に、放散虫の死骸であればガラス質のチャートに、サンゴ礁であれば石灰岩に変化して地上に現れる。

このように海洋プレートが沈み込むときに剝ぎ取られた堆積物が盛り上がって形成された大地を「付加体《ふかたい》」と呼ぶ。付加体は下から押し上げられるので、堆積岩で構成されている上層部ほど起源が古い。奄美大島では湯湾岳から枝手久島、曾津高崎、加計呂麻島、与路島、請島の東シナ海側（大陸側）が最も古い地質時代（中生代ジュラ紀）の付加体となる。

付加体として、奄美群島の基盤となった土地が最初にどこに姿を現したかはわかっていない。日本列島がユーラシア大陸の最東端に形成され、２０００万年前に大陸から押し返されるように切り離されたことから考えても、奄美群島の基盤が姿を現したのは、現在の大陸棚の外縁部と考えるのが適切だろう。

大陸棚の端に海の中から土地が姿を現せば、そこに動植物が新たに広がる。一方で、地下のマグマの働きで沖縄トラフと呼ばれる陥凹《かんおう》（背弧海盆《はいこかいぼん》）ができ、付加体は大陸から切り離された。さらに、沖縄トラフの成長と海面の広がりで東シナ海が形成される。東シナ海には南から暖かい海水が流れ込み、浅い海にはサンゴ礁が発達した。サンゴの海が広がったのは新生代第四紀氷河時代後半だ。

奄美群島が出来上がるのは地球の温度が次第に低くなっていった時期だ。大陸の北部にまで広がっていた南方系の動植物は寒さに耐えきれずに絶滅した。逆に北から南に移り住んだ動植物は生きながらえた。

特に、中琉球の礎となった新しい土地に移り住んだ動植物は周囲をサンゴ礁で囲まれ、大陸から隔離された孤島の上で寒冷化を逃れた。結果、捕食者や競合種の脅威にさらされることもなく現在まで生き延びることができたというわけだ。

それでも、繰り返しになるが、やはり奄美は暑い。だから、湯湾岳の山頂付近にだけ生息する動植物が存在するわけだ。

話が逸れたついでに話しておくと、南西諸島のように一時的に大陸と陸続きになったことがある島を大陸島と呼ぶ。一方、南北大東島《だいとうじま》のように海洋上に生まれ、どの大陸とも繋がったことのない島を海洋島と呼ぶ。

奄美は1990年代に「東洋のガラパゴス」と呼ばれ始めたが、ガラパゴス諸島は南米エクアドルの西に位置する火山島の海洋島なので奄美群島とは生物の起源が異なる。

形成された年代も新しい。もっとも古く現れたエスパニョラ島ですら500万〜300万年前に誕生した。最も新しいフェルナンディナ島はわずか5万年前で、起源から見ても奄美群島より若い島々である。

ガラパゴス諸島の各島に生息するゾウガメやイグアナは、南アメリカ大陸から太平洋の海流に1000キロ乗って流れ着いた個体群を起源とすると考えられている。小さな「ひょうたん島」が流れ着いた可能性も提唱されている。ガラパゴス諸島と比べれば、奄美群島が決して「東洋のガラパゴス」ではなく、独自の進化を遂げてきたことがわかるだろう。

奄美群島で最古の地である湯湾岳は山頂まで比較的簡単に行ける。沖縄島以南の山域では、山頂部はリュウキュウチクの草原状態になっていることがほとんどで、整備された登山道がない限り、山頂踏破には、頼まれても二度と行きたくないほどの労力を使う。一方、奄美大島の山は林内の見通しがきいて歩きやすい。

その中でも湯湾岳は山頂近くまで登山道が整備されている珍しい山だ。村道や林道を通って宇検村側の展望所や大和村側の駐車場からの登山になるが、道は整備されているので、山頂まで数十分から1時間で到達することができる。

ただ、他の山と同じように山頂は樹林に覆われていて眺望はきかない。湯湾岳も山頂には三角点がある小さな広場があるだけだ。

なお、2022年11月からは山頂への立ち入り規制が始まった。

希少な動植物が多く生息する山頂までの登山道約250メートルを立ち入り禁止とし、周辺の歩道もガイド同伴で少人数での利用を求めている。それほど貴重な場所なのだ。

あくまでも地域の自主ルールだが、センサーやカメラで利用状況を確認する。ルールが守られなければ、禁止区域を拡大させなくてはならなくなる。自然を守りながら利用を進めたい。

山頂近くには、いくつかの祠《ほこら》が並んでいる広場がある。ここには山頂への立ち入り規制と同時期に展望台が新設され、奄美の山並みが一望できる。以前も展望台があったが、老朽化のため2013年に撤去されたため、新設を求める声が上がっていた。

「なぜ、祠があるのか」と観光客はみな不思議な顔をするが、奄美で湯湾岳は信仰の象徴にもなっている。住民からは霊峰として神聖視され、いまでも、年初めには多くの島民が湯湾岳を目指す。

◆リュウキュウアユが見られる役勝川《やくがちがわ》

奄美大島の川には本州、四国、九州などとは異なるアユであるリュウキュウアユ（左ページ）が住んでいる。他の固有種と同じく、かつて陸続きだった大陸から孤立し独自の進化をとげた。本土のアユと比べてずんぐりしており、鱗《うろこ》が少ない。体長は15センチ程度だ。リュウキュウアユは1970年代後半まで沖縄本島北部でも見られたが、川の荒廃で絶滅した。

奄美では、1960年代までは川で女性たちが横に並び、しゃがんで手づかみで捕る光景も珍しくなかったが、山林伐採による赤土の流出や家庭排水、河川の護岸工事などにより豊かな魚影群は消えた。

今では環境省のレッドリストで絶滅危惧のランクは最も高く、鹿児島県も2000年代初頭から条例で希少種として保護している。

この希少なリュウキュウアユを観察できるスポットが役勝川だ。

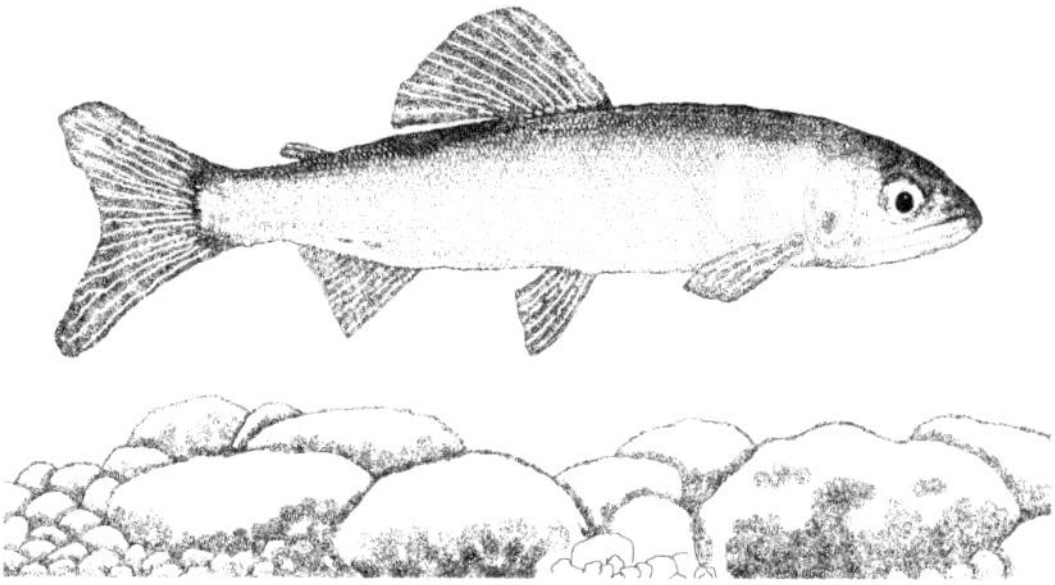

住用マングローブ林から西へ延びる役勝川は、奄美では大きな河川の部類に入る。高低差のない緩やかな瀬や淵では、マングローブ域から遡上したリュウキュウアユの大きな群れをいたるところで観察できる。

なにしろリュウキュウアユは見つけやすい。稚魚の頃の群れを最後まで解消しないから、春から産卵期の冬までずっと群れている。当然、個体で泳ぐより、魚群でいれば目に付きやすい。役勝川にはいくつか橋が架かるが、橋の下のような広い場所を眺めていると群れでよく泳いでいる。背鰭《せびれ》が茶褐色で、水の中で動くと、日中は光が反射して輝いて見える。

群れで泳いでいるから捕獲しやすい。現在は奄美のどこでも捕獲禁止だが、20年以上前は何の法律にも抵触しなかった。当時から住用村（現住用町）では独自に保護していたが、役勝川は上流に行くと瀬戸内町に入る。そこで捕れば問題なかった。そのような話を友人にしたら、「これで捕れよ」とばかりに川魚用の追込網を送ってくれたが、結局、捕らなかった。幼い頃にオオサンショウウオを食べて校長先生に叱られた記憶が脳裏をよぎったわけではない。私は川より山で遊ぶ派だから、食指が動かなかっただけだ。

だから、たまに困る。リュウキュウアユは本土のアユよりおいしいんですかと聞かれるが、わからない。味の違いをすらすらと明快に答えられたらそれこそ問題だろう。澄んだ水をキラキラと輝きながら泳ぐ姿はそれは美しいので、その貴重さを前提に観察してみてほしい。

さて、リュウキュウアユが泳ぐ役勝川に話を戻そう。役勝川は両岸の森の傾斜がきつくV字谷のような景観が興味深い。河川を覆う樹木の幹はコケに覆われ、コブラン、ヨウラクヒバ、シコウラン、クスクスラン、マメヅタラン、オサラン、キバナノセッコクなどが着生する。湿度の安定した林床にはホンゴウソウ（現在はオキナワソウに分類）、ルリシャクジョウ、タネガシマムヨウランなどの菌従属栄養植物も多い。

県道58号線にある役勝トンネルと並走する旧県道は「役勝エコロード」と名付けられ、役勝川に沿った落ち着いた道になっている。奄美市と瀬戸内町、宇検村境に近い旧県道の2・2キロで、07年の役勝トンネル開通に伴って使われなくなったが、舗装されているので散策しやすい。豊かな常緑広葉樹林が広がり、ほとんどが世界自然遺産登録地内だ。交通アクセスもよく、車で走りながら川を眺められるし、ポイントごとに車を下りて観察も可能だ。交通量も少なく、車を止めやすい場所も多い。

もちろん場所にもよるが、靴も服もドロドロになるようなことはなく、気軽に立ち寄れる。とはいえ、希少動植物の多いエリアではある。この役勝エコロードは奄美の新しい観光名所になる可能性も高い。行くなら今のうちだ。自然環境に負荷をかけないように利用したい。

◆気軽に行ってはいけない住用川《すみようがわ》中流域

奄美大島の最高峰が湯湾岳ならば、最大の河川は住用川だ。全長16キロメートル、流域面積47平方キロメートル。その流域は水に浸食された岩が連なり、渓谷になっている。

奄美大島では、両岸から大木が川を覆うように伸び、太陽光が差し込まない河川が多い。一方、住用川の川幅は広いので河床まで太陽光が届き明るい。

その河畔に渓流植物と呼ばれる植物が岩にへばりついている。本土の高山植物のような小さな植物群落である。爪ほどもない大きさの小さな葉に胞子嚢《ほうしのう》をつけているコビトホラシノブを筆頭に、小さな平行四辺形の小羽片が美しいアマミデンダ、葉身が5ミリ程のアマミスミレ、同じく5ミリ程度の葉をつけ匍匐《ほふく》するアマミアワゴケ、花をめったにつけないコバノアマミフユイチゴなどの固有種である。

奄美大島は雨量の多い島であるが、特に住用地域は雨が多い。高い湿度が維持できる環境がこのような小さな植物群落を生んだのだろう。湿度が高いので、土壌に根を下ろさず、他の木や岩盤などの表面に根を張る着生植物も多い。コブラン、リュウキュウヒモラン、アマモシシラン（以上シダ植物）、サガリランなどが苔むした樹幹に生えている。

大雨による洪水は川沿いの地形に大きな影響を与える。2010年の奄美豪雨は道路が寸断され、山も崩れ、林道の大半は通れなくなった。

1週間くらい経って、住用川は大丈夫かと見に行ったら、高さ3メートルくらいまでの両岸の岩肌が丸見えになっていた。

流れ下る礫《れき》や流木で植物がきれいに削られてしまったのかと落胆していたら、ススキなど周りの植物はすっかり剝ぎ取られているのに、アマミデンダをはじめとして小さな群落は岩の割れ目に残っていた。

しばらくしてまた見に行ったら、川は増水していて近寄れなかったが、フジノカンアオイの花が岩の間から咲きに咲いていた。岩の割れ目に根と茎が残っていたのだ。

興奮を隠せず、息子にこのことを話したら「200万年以上も奄美で生きてきたわけだから、奄美豪雨で絶滅するようだったら生き延びてないよ」と返され、妙に納得した覚えがある。

自然遺産登録された奄美の自然をどうすべきかについては後々話すが、自然をガチガチに保護するべきではないというのが私の考えだ。奄美は雨が降る度に大きな土砂崩れが起きるような地形や地質だが、そのもろさに動植物は対応してきた。植物ならば、小さく岩の割れ目などに根を張るように進化しているのだ。そうした自然と人間のあり方を住用川は教えてくれる。


住用川を私のおススメスポットとして挙げたが、あくまでも私のおススメだ。金作原原生林ツアー、三太郎峠ナイトツアーやマングローブのカヌーツアーを楽しみにしている人に好みが合うかは保証できない。少しマニア向けといってもいいだろう。

というのも、住用川はどこからも簡単には近づけない。林道の奥から山の斜面を下り、長い距離を歩いてやっとたどり着く。腰まで水につかってしまう場所もあるし、滑りやすい岩棚もある。靴も服もドロドロのぐしょぐしょになる覚悟が必要だ。それでも行きたい人は、ベテランのガイドに案内してもらうのをおススメしたい。

◆成長を続けるマングローブ林

住用川と役勝川が合流する河口付近に発達したマングローブ林（写真）がある。この場所は、奄美大島の一部が国定公園に指定されたときから国の特別保護地区に指定されていた。現在も奄美群島国立公園の特別保護地区である。面積約71ヘクタールで、マングローブ林としては、西表島（沖縄県）に次ぐ国内2位の広さを誇る。

誤解されがちだが、「マングローブ」という木はない。マングローブは淡水と海水が混ざり合う水域に育つ植物の総称だ。河口付近の潮間帯に発達するヒルギ類が代表的で、住用マングローブ林の潮間帯に生える植物としては、メヒルギ、オヒルギ、サキシマスオウノキ、シマシラキなどが挙げられる。メヒルギとオヒルギは名前からメスとオスのように勘違いされることもあるが、全く異なる植物だ。

これらの植物群は、落葉前の黄色く色づいた葉をかじると少ししょっぱい。いずれも、満潮になれば根元は海中に没するからだ。根は塩分を取り除く機能を持つが、それでも吸い上げた余分な塩分は葉ごと塩分として排出する。

住用マングローブ林はマングローブとしては北限にあたる。メヒルギを中心とした面積の広いマングローブ林は珍しい存在でもある。

干潮時のマングローブ林の中を歩くと、オキナワアナジャコが作った火山のような土の山や、泥の中に立っている巨大なマングローブシジミ、ミナミトビハゼなどの姿が目に入る。干潟《ひがた》状になっている場所ではシオマネキなどの多くの種類の甲殻類を楽しめる。

カヤックでのマングローブツアーもあり、間近でマングローブの面白さを味わえるため、夏場のハイシーズンは観光客で賑わう。


ただ、20年ほど前から土砂の堆積が加速し、マングローブ林が陸地化しているのは自然なことだが、気がかりだ。台風のたびに木や草、土砂が運ばれ、マングローブ林の中にたまる。そこを住処《すみか》にして、カニなどいろいろな生き物がそこに土を積み重ねる。満潮時にも潮が来ないくらいの高さにまで泥がたまれば、それまでと異なる植物が入ってきて陸地化する。陸地化が進む一方、マングローブ林は現在の河口から住用湾を目指して拡大を続けている。つまり、マングローブ林といっても10年前とは姿が違うのだ。マングローブは成長が早い植物なのでこれからもいろいろな変化が見られるはずだ。

◆ウケユリを探せ、戸玉山《とだまやま》

ウケユリ（写真）と聞いてもピンと来ない人が大半だろう。

白い大輪を咲かせることから「幻のユリ」とも呼ばれ、瀬戸内町請島や加計呂麻島、与路島、奄美大島南部と徳之島に自生する多年草だ。

茎の高さは50センチ〜1・2メートルで、6月頃、茎の先端に直径15センチほどのラッパ状の花をつける。赤褐色の雄しべと強い香りも特徴だ。

盗掘も多く、鹿児島県希少野生動植物保護条例で採取が禁止されている。環境省のレッドリストで近い将来絶滅の恐れが最も高い絶滅危惧類にランクされている。

採取はもちろんしないが、本当にそれほど希少なのかが気になり、ウケユリの探索に夢中だった時期がある。

ウケユリは断崖絶壁のような場所に自生する。必然的に、ウケユリに出会うためには奄美群島中の崖の場所を探し、崖をひたすら登ることになる。厄介な植物なのだが、20カ所以上の崖を登り、半分近くの崖でウケユリに出会えた。もちろん、もっと多くの場所に自生しているはずだ。私はロッククライマーではないので全ての崖を登れるわけではない。ウケユリは気になる対象だが、ウケユリのために死ねるほどウケユリへの愛は深くない。

探していた際に目に付くのは道路の上の崖の多さだ。山の下から見上げるとウケユリが確認できたので、目指して登ると、崖の真下が道路になっている場合が少なくない。落石防止のロックネットが下の方に張ってあり、そこからは登れない。もう少し上まで行って違う場所ならばネットが張られていないだろうと、森からズンズン上に登ったが、上の方にもロックネットが張られていた。

ウケユリは下から少し見えたのでそこで断念しても良かったが、この時はアマミアセビも探していたので何とか崖上まで行きたかった。

アマミアセビは、従来リュウキュウアセビとされてきた種だ。かつては湯湾岳周辺の高地に自生していたが、１９７０年代後半までに愛好家によってほぼ取り尽くされてしまった。そのため、人家の庭にはあるけれども、野生ではほぼ絶滅というおかしな状況になっていた。保存増殖させたアセビを岩の割れ目など生息地に植え戻しても、それも全部盗まれてしまう。盗まなくても人の庭にあるアセビの挿し木をもらえばいいのに、なぜか野生のアセビをみんな取り尽くす。20年前のこと、そんなに珍しいのならば本気で探してみようと探し歩いたことがある。

その日はアセビに出会えそうな予感があった。二度にわたってロックネットが進路を阻んだが、諦めきれないのでロックネットの間から出ている草木を摑みながら何メートルか登った。だが、滑って滑って怖い。ロックネットのひし形模様は足がかりになるように見えるが、長靴で（ハブ対策だ）登るとひし形が狭いので指がめちゃくちゃ痛い。頑張ったらもう少し上に行けそうだけど、下手に頑張ったら引くに引けなくなる。下はアスファルト。「ハブの服部先生、滑落死」という新聞の見出しが頭に浮かび、諦めた。

40年の間、週末ともなるとウケユリやアマミアセビを筆頭とする希少植物を探しに、興味の赴くがままに毎週のように冒険した。とにかく私は、奄美の野山を歩き回っていた。アセビも一株、二株と見つけ、6、7カ所で二十数株は見つけただろうか。絶滅したといわれたアセビだが、探せばまだ野生にもあったのである。

戸玉山は私が勝手にそう呼んでいる戸玉集落の裏の500メートル峰だ。近くの山をさまよっていた時にその山頂に岩場が見えたので、ウケユリなどが見つかる可能性があると思って探しに行ったことがある。残念ながらその岩場にはウケユリはなかったが、眺望は素晴らしかった。太平洋側は見えないが、奄美大島のほとんどの山を見渡すことができた。奄美大島の山では数少ない眺めのいい山である。だが、帰りは近道をしようとして迷いに迷い、最後は道路わきの側溝に滑り落ちた。

◆本当に気軽に行ってはいけない節子《せっこ》の穴山《あなやま》

ロックネットを深く考えずに登ってしまうくらいだから、もちろん、ヒヤリとした経験もある。忘れられないのが「節子の穴山」（左ページ写真）だ。

瀬戸内町節子集落の裏山の太平洋側に「節子の穴山」と呼ばれる秘境めいた場所がある。奄美では知名度は意外にも高い。「行ったことある？」と会話にたまに出るが、ほとんどの人は行ったことがない。

私が奄美に来た当初、「節子には特別山深い場所があって、そこではイノシシがブランコに乗って遊んでる」という訳のわからない話を聞いた。イノシシがブランコするわけないだろうと思うが、それくらい誰も行ったことがない、謎めいているがその謎を誰も解こうとしない、そんな場所だ。

林道から森の中を海の方へ進むと太平洋側の断崖の上に小さな山が見える。珍しい植物や動物はいない。クロウサギの糞やハブはよく見かける。

その山頂の一角に火口のような大きな穴が開いているので穴山と呼ばれる。火口ではなく、石灰岩にできた穴である。

近くで見てみると炊飯器の釜のような形をしている。縦長、寸胴型。直径30メートル、深さが30メートル以上に見える大きさである。

穴の底に下りようと思っても、丸みを帯びた穴でないため簡単ではない。断崖絶壁になって

いるので安全に下れる場所は私が知る限り1カ所しかない。
奄美の山に限らず、どこの山も「行きはよいよい帰りは怖い」で、登りより下りが危険だ。私が知人の前田芳之さんと中学生の息子と3人で行った時は、日本大学の探検部が訪れた際のロープが残っているという情報を耳にしていた。実際にそのロープは残っていて、ロープづたいに水平に斜面を移動した。ただし、情報には多少のズレがあり、日大が訪れたのは私たちが訪れる5年前だった。そのズレはロープにあらわれており、ロープは雨風で劣化していて、穴の底に下りたら、今にも切れそうな状態だったのである。「これ、危険だな」と3人で言い合っていたら、前田さんが強く引っ張っただけで本当に切れてしまった。高さが30メートルあるので、下りるときに途中で切れていたら死んでいてもおかしくなかった。帰りはロープなしで登るハメになって死にかけた。あれから穴の底には下りていない。
穴の底に近い位置には横穴があった。鍾乳洞《しょうにゅうどう》のようになっていて、天井からは鍾乳石が下がっている。そこを覗いたら、オリイコキクガシラコウモリ（次ページ）が入り口近くにまでずらりとぶら下がっていて、下にはその糞がてんこ盛りになっていた。

オリイコキクガシラコウモリは奄美群島の固有亜種だ。本土生息のコキクガシラコウモリから分化した。両翼を広げると約20センチ。昼は暗い場所で眠り、夜、昆虫などを捕食する。キッキッという音とともに超音波を出して位置を確認する。夜に昆虫を観察しようと懐中電灯片手に歩いていると、目の前に飛んでくる。光に集まる虫を食べているのだが、くるくるくるとうるさいくらい反転する。環境省のレッドリスト絶滅危惧類だ。

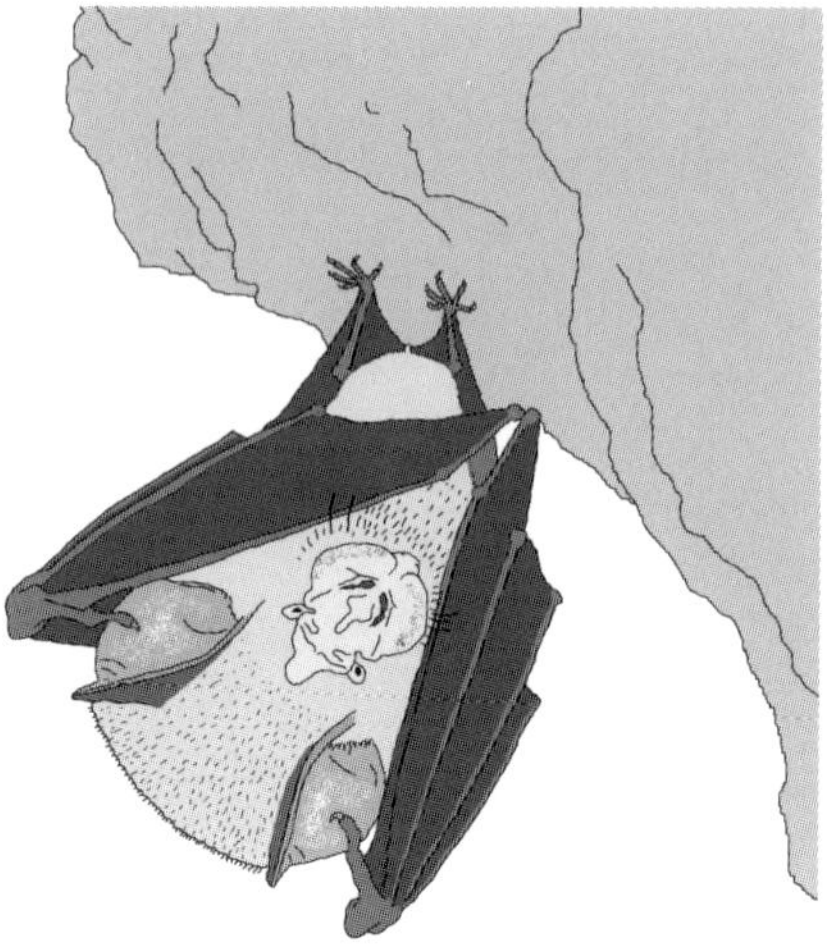

奄美では弾薬庫跡や防空壕跡に多く住んでいるが、鍾乳洞で見たのは初めてだったので驚いた。

これは考えてみれば、当たり前なのだ。というのも、奄美に鍾乳洞は節子ひとつしか知られていない。近くの集落にも鍾乳洞があるとされているが、「集落以外の人に教えると教えた人は不幸になる」、「そこのものを持ち出したら家族の誰かが死ぬ」という恐ろしい言い伝えがつきまとっているので広く知られていない。私も「ここではないか」と思いあたる場所はあるが、死にたくないし、家族に死なれても困るので特定する勇気はない。

今、「節子の穴山」につながる山道は松枯れや大型台風などの影響で荒れている。

野生化したノヤギも数多く生息し、崩れやすい場所も多い。ＧＰＳや地図を頼りに行けるが、藪《やぶ》をかき分けて進む藪漕ぎを覚悟しなければならない。

私がこの穴山に最後に足を踏み入れたのは２０１９年。以前はあったはずの道もなく、「おそらくこっちかな」と迷いながら進んだ。大宜見《おおぎみ》浩さんという動植物に詳しい沖縄の男性と二人で行ったが、あの強靱《きょうじん》な大宜見さんが「ちょっと休もう」とめずらしく弱音を吐いていた。彼が休もうと口にしたのを聞いたのは初めてだったので驚いた。何を言いたいかというと、ここは生半可な気持ちで行くと危険な場所だということだ。たどり着けば、景色は壮観だが、気軽に行ける場所ではない。経験豊富なエコツアーガイドに案内してもらうことを強くおススメする。

◆海に行くならここ、ホノホシ海岸

金作原原生林で太古の時代に浸り、マングローブでカヌーに乗り、「あとは奄美の海を見たい」という人におススメなのが、瀬戸内町の南東端にあるホノホシ海岸（次ページ写真）だ。ここは奄美の観光ガイドを開けば必ず載っている鉄板スポットのひとつだ。

切り立った岩に囲まれた浜には砂は一切なく、丸い小石が波打ち際を埋め尽くしている。荒波が直接打ち付けることで、砂は流され、自然に磨かれた石だけが残った。

離れたところから見るだけでなく、波打ち際が見える場所に近づいてほしい。波が引くと波

と小石が奏でる「カラカラ」という不思議な音を聞ける。

波打ち際の一角には小さな洞窟がある。ここの中に玉石を積み上げると願いがかなうといわれているところも、人気の観光スポットたる所以《ゆえん》だ。

私の場合は、不思議な音色に癒やしを求めるわけでも、願い事をしに行くわけでもない。海岸には面白い植物が少なくないのだ。

駐車場から海岸までのあいだには、イソノギク、オキナワチドリが群落で咲き誇っている。海が見える位置に出ると、コウライシバに混ざって、マルバハタケムシロ（左ページ写真）の群落が目につく。

マルバハタケムシロはキキョウ科のミゾカクシの仲間で、近縁種は大洋州にいるという琉球列島の固有種だ。ただ、護岸工事などの影響で、沖縄ではほぼ絶滅してしまい、近年は奄美大島の一部でしか自生が確認されていない。

絶滅が危惧されるそうした動植物とそこらで出会えるのが奄美の面白いところだろう。

車があれば気軽に行けるが、波しぶきが立っている日が多い。台風や熱帯低気圧が太平洋上にある時は思いがけない高波が混ざるので、波の高さには注意を払いたい。

◆透明感あふれる海を見たいなら、請島《うけじま》に行け

「南西諸島といえばきれいな海」を想起する人も多いはずだ。

奄美大島できれいな海を見慣れていても、それでも、皆が皆、水の透明度に驚かされるのが請島だ。船が湾内に入ると、それまでとまるで異なる景色があらわれる。

奄美大島の加計呂麻島の南西に位置する請島は、2集落59世帯、87人が暮らしている小さな島である。ウケユリが多く咲くことから「請《ウケ》」が種名の由来にもなっている。

私はウケユリの調査の関係で毎年1、2回は必ず訪れていたが、海は本当にきれいで、汚い場所がどこにも見当たらない。

一方、山ではかつては異様な光景を目の当たりにした。請島の最高峰の大山《おおやま》（標高398メートル）の林道には、道沿いに使わなくなった車が投げ捨てられていた。それも1台や2台でなく、一列にずらり。とりあえず要らなくなったら、そこに特に迷わず捨ててしまっていたのだろう。

恐ろしいことにナンバーがついていない車もちらほら。たぶん、昔は無免許で運転していた人も少なくなかったのだろう。さすがに私が訪れたときは道路もあるし、車も運べる連絡船も行き来していたので、みんな免許を持っていたが、警官がトラックを運転している人に免許の提示を求めたら原付の免許だったという都市伝説もある。良くも悪くも緩い空気が流れている。

大山の一角を占めるミヨチョン岳の山頂にはゴツゴツとした巨大な岩がそびえ、眼下には緑の森と真っ青な海が広がる。大パノラマだが切り立った断崖の上なので足がすくむ。慣れないとちょっと怖い。

大山の特定の山域に入るには、町の教育委員会への事前の入山申請と、地元の池地《いけじ》集落の住民らで作る「みのり会」メンバーの同行が必要になる。みのり会は野生化したヤギからウケユリを守る活動を続けている。

ウケユリの球根は甘くておいしい。「あまゆり」と呼ばれ、江戸時代には食用として出荷されていたほどだ。放っておけばヤギが根こそぎ食べてしまうので、みのり会の人がウケユリが咲く岩場の周りを網で囲ってヤギの侵入を防いでいる。

おそらく、読者の方は「なぜそんなにヤギがいるのか」と疑問を抱くだろう。奄美群島ではかつてヤギを放し飼いにしていた。集落の離れた岩場にヤギが住んでいて、名札はついていないが、ヤギは放飼《ほうし》した人たちに所有権があるということになっていた。食用に飼っているので、もし所有者以外の人がそのヤギを捕まえたら、その半分を置いていけばいい。2匹なら1匹、1匹ならば殺して半分を置いていく。そういう不文律が奄美にはあった。食べた者勝ち？　いや、奄美には奄美のルールがある。とにかく、そういうことになっていたのだ。

とはいえ、ヤギの繁殖率はすさまじい。小屋で飼ったり、放牧でも囲いを設けていたりすれば問題ないが、そんな家は少ない。放し飼いのヤギが山に逃げ込んで数を増やしていった。今でも好んでヤギは食べられるが、人は減り、ヤギは増える。この積み重ねで激増して今に至るわけだ。請島も人が住んでいない南側はヤギが浜辺で運動会を開いている。

「請島はヤギだらけ」とお伝えしたが、メェメェ聞こえてくるのは請島だけではない。奄美大島でも山中に白い動物を見かけることはある。天敵がなく、このまま放置されて増え続ければ、奄美大島本島ではアマミノクロウサギなどの在来草食動物は、餌の獲得競争に敗れる恐れさえも懸念されている。

奄美になぜヤギがいるのかには諸説ある。ヨーロッパからフィリピンなどを経て持ち込まれたとの説もあれば、中国から沖縄に持ち込まれ、奄美に渡ったとの説もある。いずれにせよ、奄美の人にとっては、生活に長く密着した家畜であり、貴重なたんぱく源だった。

日本で庶民に肉食が定着するのは明治以降だが、奄美では豚やヤギが江戸時代から食べられていた。そうした伝統が残る郷土料理が「ヤギ汁」である。

ヤギ肉を水からじっくり煮込んで、他には何も加えない。味噌か塩で味付けして、冬瓜《とうがん》や大根を加えて食べる。

奄美では「6月ヤギ」といって夏バテにならないように食べる人も少なくない。最近は夏場のスポーツ大会に向けて、チームの士気を高めるためにみんなでヤギ汁を食べる場合もある。確かに食べると体が熱くなり、心なしか力がわいてくる気もしないでもない。士気が高まり、団結力も強まりそうだ。ただ、滋養強壮にはガツンと効くが、においも強烈だ。味噌味の方がまだにおいが気にならない。

酒を飲む前に食べる人もいる。ヤギ汁の脂肪が胃に膜をつくって悪酔いを避けるといわれている。奄美を訪れて、夜に大勢でワイワイガヤガヤするならば、まずはヤギ汁をみんなで食べてからでもいいかもしれない。いい思い出になるはずだ。

さて、請島には瀬戸内町古仁屋《こにや》港から定期船「せとなみ」で1時間程度。日帰りできるが、1日1往復と便は少ない。古仁屋から加計呂麻島までフェリーで渡って、そこから海上タクシーをチャーターして渡ることも可能だ。

余談だが、奄美群島は交通違反にはゆるい。本土に比べれば、確実にゆるい。

一昔前ほどのゆるさは消えつつあるが、今ですら、島の車はめったなことでは違反しても捕まらないような空気が流れている（あくまでも個人の見解です）。

とはいえ、警察も仕事をしなければならない。結果的に、目が向けられる可能性があるのが観光客だ。加計呂麻島行きのフェリーに乗ると、下船時にやたらと船員が注意喚起していた時期があった。「シートベルトはしてくださいね。あと、港から県道に入る時には必ず一旦停止してください」。なぜ、そんなに繰り返すのか不思議だったが、後にそこで捕まった人がかなりいるとの話を耳にした。ガイドの方々は、今でも観光客には取り締まりに注意してくださいと伝えている。

「そんな不公平な」との声が聞こえてきそうだが、警察にも警察の言い分がある。

奄美群島の警察官は異動で赴任するので、地元の事情をよく知らない人も多い。たまにしゃかりきになって交通違反で捕まえたがために警察を震撼させる恐ろしい事態を招いたとの噂がいくつもある。「加計呂麻島で取り締まりの翌日にパトカーにハブが投げ込まれた」「大島本島でパトカーが犬かイノシシの血で真っ赤に塗られ、事故車にしか見えなかった」などなど。イタリアのマフィアでも怯《ひる》むようなまさに文字通り血みどろの戦いが繰り広げられたというのだ。もちろん、都市伝説の類いだが、火の無いところに煙は立たないともいうからどうなのだろうか。

11　奄美のナチュラリストたち

◆希少種、カンアオイという未知へ、前田芳之さん

奄美の楽しみ方はいろいろある。金作原原生林や三太郎峠のツアーを楽しんでもいいし、節

子の穴山などディープな場所にドキドキしながら足を向けるのもいいだろう。奄美の自然を楽しむ正解はない。人それぞれだ。楽しみ方、関わり方の一例として、新旧二人のナチュラリストを挙げておきたい。

私は奄美で40年間、何をしていたかというと、平日は研究所にいて土日は山に出かけていた。たまには街に行きたいと妻にぼやかれた話はしたが、本当に山にずっといた。

動植物は好きだったが奄美とは何の地縁もない。そんな私に奄美での自然の楽しみ方を教えてくれた師匠が前田芳之さんだ。

前田さんは関西弁、ジーンズ、バンダナ、パイプ煙草というい出で立ちで、元ヒッピーという経歴が一目でわかるような人だ。50年前に関西から奄美大島瀬戸内町にIターンして造園業を始めた。園芸的な価値のありそうなきれいな花や奇妙な形の食物を育てていた。

仕事以外でも植物や昆虫の探索が大好きで、奄美でもほとんど記録がないような超希少種をずっと探し回って、日本中の研究者、愛好家が頼りにしていた。

私は馬が合い、昆虫採集などを一緒に楽しんでいたが、30年ほど前に「服部さん、一緒にカンアオイやらんか」と誘われ、そこからさらに濃密な関係になった。

筒状の花を咲かせるカンアオイの仲間は奄美大島の希少種だ。

「カンアオイやる」とは徹底的に調査するということだ。日本の自然は、そういったアマチュアたちによって丹念に調べられ、記載されてきた。単なる山歩きをよくする物好きとしか思われないかもしれないが、実はそういう名もなきナチュラリストたちに支えられてきたとも言えるのだ。まず目の前の未知を調べていくのである。前田さんに誘われた時は奄美大島でのカンアオイの種と分布についてさえよくわかっていなかったので、まず分布調査を始めた。

それ以来30年間、カンアオイの調査に明け暮れた。土曜、日曜、祝日、休日で晴れの日は山に入って調査を続けた。1990年頃から年間50日は前田さんと一緒に行動した。地道に調査を重ねたら、奄美大島には8種類のカンアオイが自生し、見た目や開花時期も異なれば分布も違った。

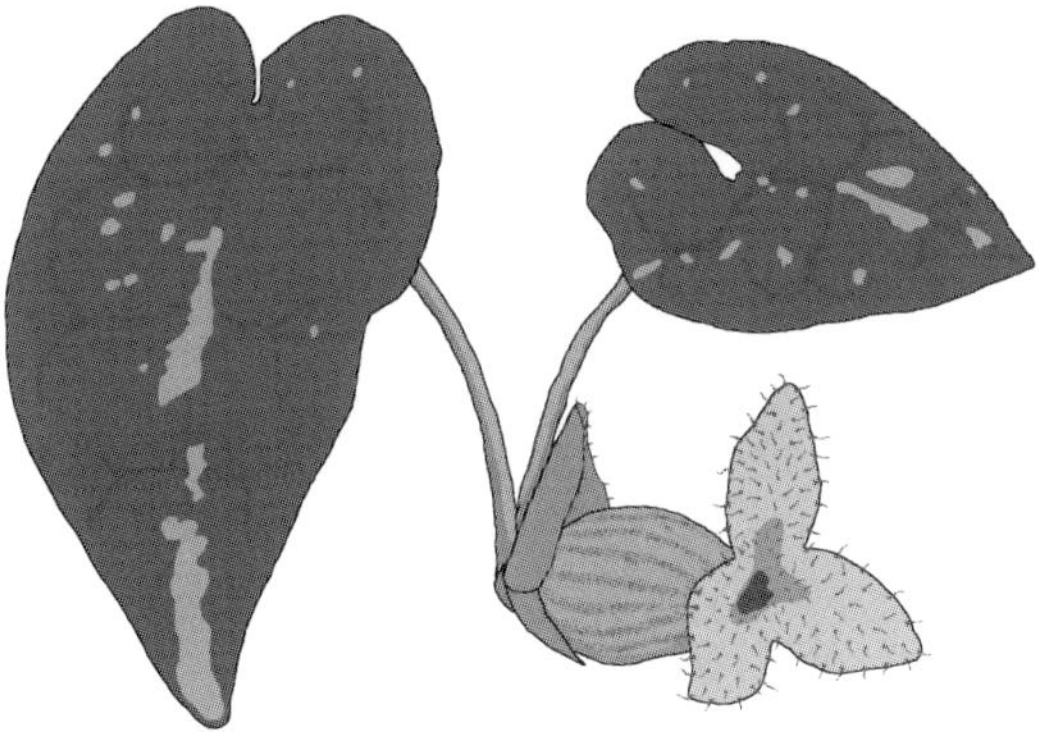

例えばミヤビカンアオイは湯湾岳の標高の高い所に、ナゼカンアオイはミヤビカンアオイに似ているが金作原に分布していた。超小型のトリガミネカンアオイ（上）は住用村と瀬戸内町の境だけでしか見つからなかった。

カンアオイの遺伝子を調べている研究者は日本中にいる。京都大学の瀬戸口浩彰先生がこの8種類のカンアオイの遺伝子を本格的に調べたところ、8種類は見た目や開花時期、分布は異なるが、先祖が一緒だとわかった。日本で一番小さいカンアオイのトリガミネカンアオイと最も大きいフジノカンアオイも含めてほとんど同じ遺伝子という謎の結果

が出たのだ。なんでそうなったかはわからないが、２０００年前に8種類に分化して急速に進化したということらしい。遺伝子は同じでも形態がそこまで分化することはあるのだろうか。謎は深い。

　私と前田さんは、なぜ分布がこれほど偏っているのかが気になり、花粉を運ぶ媒介者（ポリネーター）の解明を目標に調査を始めた。

　花の前にカメラを一人5台ずつ計10台を設置して、10秒に1枚撮れるように設定する。10秒に1枚撮ると2、3時間でバッテリーがなくなるのでそのたびに交換する。休みの日はずっとそれをやっている時期があった。ただ、撮影された画像を見ても、花粉を背中に乗っけている昆虫がなかなか見つからない。フンコバエやハネカクシ、エンマコガネが花粉をつけて出てきたことはあるが、例数が少ない。何が花粉を媒介させているのかよくわからない。ただ、種を運んでいる生き物は鮮明に写っていた。アリだ。アリが一生懸命に運んでいる。いくら撮影しても、アリしか運んでいなかった。

　植物の種は鳥や風、海流で運ばれることで、広範に分布する。アリが種を運ぶカンアオイはそれに該当しない。アリは必死に運ぶけど、それでも移動距離に限界がある。頑張っても数十センチ程度だ。ホソウメマツオオアリでも数メートルくらいだろう。カンアオイの分布が広がらない理由がわかった。

前田さんは60歳を過ぎてから樹木医の資格を取り、さらにカンアオイの研究では鹿児島大学で博士号を取得した。「奄美大島におけるカンアオイ類の分布と生活史」という論文を執筆している。文化財にも詳しく、瀬戸内町の文化財保護審議会会長として、奄美群島の文化財保護活動の重要人物でもあった。

知り合った当初、前田さんとは昆虫採集仲間だった。前田さんは植物の希少種にも詳しいが、昆虫研究家としても功績がある。請島に生息する「ウケジママルバネクワガタ」は前田さんが知人と発見した。昆虫の新種、なかでもクワガタのような人気の虫の新種発見はもうほぼない。このクワガタはマルバネクワガタの仲間で、奄美大島で見つかったアマミマルバネクワガタの亜種である。眼縁突起の形に微妙な違いがあると言われるが、私にはよくわからない。ただ、大顎が大きく発達した大型個体が見つかることがある。乱獲で絶滅の危機に瀕し、私も調査で定期的に請島に出かけていた（ウケジママルバネクワガタは２０１６年に環境省が種の保存法に基づき、捕獲や譲渡が禁じられている国内希少野生動植物種に指定。許可なく捕獲した場合、５年以下の懲役か５００万円以下の罰金が科せられる。業者であれば、１億円以下の罰金となる）。

それこそ、昆虫採集や観察には２０００年頃まではよく出かけていた。

マルバネクワガタがいそうな木を日中に目星をつけて、夜になったら観察に出かける。

奄美大島最西端に位置する西古見《にしこみ》には人の手が一切入っていない場所があったが、見つけて2年目には森の麓にレンタカーの姿を見かけた。おそらくクワガタを売買する業者だったのだろう。「こんなところまでよく来るな」と変に感心していたら、翌年には森に道ができていた。何でこんなに足跡があるのかと驚いた。

個体数が激減したのは、クワガタブームで商品となり、とにかく捕りまくる人が激増したからだ。木にいるクワガタを採集しても減らないと思っていても、みんなで何も考えずに捕れば減る。昆虫採集の世界では紳士ルールのようなものが存在し、小さいクワガタは捕らないが、業者は全部捕ってしまう。

成虫どころか、フレークごと根こそぎ持ち去る荒っぽいケースも目立った。フレークとは腐って剝がれ落ちた木の幹だ。木が土になりかけている赤っぽい状態の中に幼虫がいる。それすら持って行ってしまう。アマミマルバネクワガタも奄美大島と徳之島の全市長村の条例で捕獲が禁じられ、50万円以下の罰金が科せられる。それでも盗採は止まらない。

私は以前は車に網を積んでいたが、網が車から消えて久しい。立場があるから、人前で網を振るわけにもいかない。観察しかしなくても網を振り回したら誤解されかねない。そうした誤解を招くほど、クワガタを取り巻く環境は厳しい。

前田さんとそんな話を今もしたいのだが、２０１7年に亡くなったのは、寂しい限りだ。

◆奄美研究の後継者、平城《ひらぎ》くん

奄美の人はおおむね山が好きでないことは何度か述べたが、もちろん好きな人もいる。そのひとりが奄美市立奄美博物館の職員である平城達哉《たつや》くんだ。といっても、最初に出会ったときの彼は高校生で野球部のキャプテン。自然が好きとはいえ、バリバリの体育会系で動植物に本気で向き合う職業に就くとは想像できなかった。

平城くんはハブ捕り人の久永利一《ひさながとしかず》さんの紹介だ。久永さんにはハブ捕り名人の南竹一郎さんが亡くなった後に私の研究を手伝っていただいた。

久永さんは、快活で、大声で、怖いもの知らずで大雑把な大男という印象だが、勘を頼りにハブを捕らず、仮説を立て、山、川、海岸、水田跡地、畑、家畜小屋、林道、農道などを徹底的に調べる科学者的素養のある人だった。その緻密さ故か、私との仕事ではハブに咬まれる姿は見なかった。

あるとき、久永さんから「面白い高校生がいるから会ってくれんか」という連絡があり、名瀬の大島高校に向かった。休み時間に会うのかと思っていたら、久永さんが先生に「医科研の服部が湯湾岳を案内してくれるので連れ出していいか」と許可をもらって、男子生徒一人を連れ出してきた。授業があるのに連れ出していいかと許可を願うのも、許可をもらえるのも凄いが、その生徒が平城くんだった。

それから7年経って、平城くんは奄美市職員となって我々の前に姿を現した。それも、博物館の職員だ。彼は2年間の浪人生活の末、琉球大学理学部に入学。そこで偶然知り合った大宜見浩さんに誘われて、ヤンバルでの調査を繰り返していた。大宜見さんとは、私と一緒に穴山に出かけたあの大宜見さんだ。

とはいえ、元野球部キャプテンだ。社会人になっても野球の試合の助っ人で呼び出され、山に没頭するとまではいかなかった。

2017年頃だったか。野球場で遠投をしていた彼は、右腕の骨が筋肉の強さに耐えきれず粉砕骨折した。長期入院と何度かの手術を経て復帰したが、野球はできない体になっていた。

彼には大変申し訳ないが、私も、大宜見さんも前田さんも博物館の職員も、「よしっ、これからは彼も自然に集中するはずだ」と膝を打った。今では博物館の改修やデータベース作成にその能力をいかんなく発揮し、奄美を引っ張る若手の第一人者である。

医科研でのハブ研究は、私の退職にともない宙に浮いたままになっている。誰もやりたがらないし、やれる人がいないのだ。平城くんがどう考えているかわからないが、ハブの研究事業を彼に押し付けようとたくらんでいる。ただ、学芸員の資格も取り、博物館では最も頼りになる人材なので、超多忙な毎日を送っている彼にハブの取り扱いを教える時間はないかもしれない。

コラム2

奄美の虫を楽しむ養老先生

解剖学者の養老孟司先生がインターン時代に奄美群島に滞在した話はしたが、先生はその後も数年に一度は奄美を訪れて、大好きな虫を観察されている。

2021年の夏も奄美大島を訪れて、私と一緒に山に入った。

養老先生は「奄美の特性は多様性だが、地元が気づいていない」と繰り返し強調されている。「昆虫好き」らしく、昆虫一つ取っても、本土と同じに見えてもよく調べると違うと話されてきた。

例えば、ゴマダラカミキリの斑点は少し大きいし、ハンミョウは体がやや紫色がかっている。人間は元来、こうした自然のわずかな違いを感じる能力に長けてきたが、戦後に都市化が進むことでいつのまにか置き去りにしてしまったと養老先生は指摘される。

もちろん、わずかな違いは図鑑を眺めればわかるが、それは情報に過ぎない。知っていることとわかることは違う。実物に触れ、実体を見て生きていくのが、人間の本当の姿ではないか、と。

先生とは世界自然遺産の登録に向けて、講演や対談で考えを伺う機会も増えた。脳は都市化しても体は自然を求めているともおっしゃっていた。先生は奄美に来ると、自分も自然の一部であることを自覚するようだ。奄美は人間が自然を感じ、見つけ、そして身につけられる数少ない場所といえるかもしれない。

これは、奄美の自然をどうするかというう問題にもつながる。自然との共存となると、自然保護が行きすぎて「人間が触れることはいけない」という考えになりがちだ。だが、これは間違いだろう。それがなかったら自分の人生が成り立たないものは、もはや「自分」の身のうちに含めた方が良いものだ。田んぼや、流れる川の水がなかったら私たちは生きていけない。「環境」を内と外に分けてしまうと、むしろ外のものはどうでもいいものになってしまうかもしれないのだ。それを認め、自分の範疇に含めて、適当な「手入れ」をすることが必要だ。ほどほどに折り合いを付ける。そのほどほどとは何かを養老先生は奄美で体現されているのかもしれない。この人もまた、ナチュラリストなのである。

Ⅲ部　文化と自然

12　奄美の人たちはこんなふう

◆食わず嫌いは禁物、奄美の「食」

旅に行ったら、その土地固有の食べ物を食べたいはずだ。

もちろん、奄美は亜熱帯地域だけに、先人たちの工夫を凝らした食べ物がたくさんある。工夫を凝らし過ぎて、なかなか本土の人にはなじめないものも少なくないが、「こんなん誰が食べるのだ」という強烈な印象もまた旅の思い出になるはずだ。

◆家で食べるものは外で食べない

「奄美に行ったらクロウサギと鶏飯《けいはん》」というくらい観光客に人気なのが鶏飯だ。

確かにミキ（214ページ参照）やヤギ汁のようなクセもなく、誰もが気軽に食べられる。鶏飯は簡単に言えば、鶏の汁かけご飯、鶏茶漬けだ。炊きたてのご飯にゆでて細く裂いた鶏肉と錦糸卵、ネギ、煮付けたシイタケ、細かく刻んだパパイアの漬物とタンカンの皮などを載せ、最後に熱い鶏スープをたっぷり注ぐ。

今では奄美の代表的料理になり、鶏飯を出す店も多いが、かつては数軒しかなかった。鶏飯で今も昔も有名なのは「みなとや」。元々は旅館で、おばあさん（年齢不詳）がランチ営業で宿泊者以外にも鶏飯を提供していた。今とは違ってこぢんまりした店内に座卓が三つあるくらいで、素朴なたたずまいだった。味もあっさりしていてめちゃくちゃうまかった。今は紅ショウガを載せる店がほとんどだけれども、当時のみなとやの鶏飯には載っていなかった。

「みなとや」には観光客が列をなすが、かつては家庭料理で、多くの人は外で食べる料理と認識していなかった。

奄美の人にはいまだに「家でつくる料理は外で食べない」意識が強い。

少し前の話になるが、職場で真夏に「暑いから、そうめんでも食べにいこうか」となったことがある。ところが、どこを探しても、そうめんを出す店がない。こんなに暑い土地なのに冷たいそうめんがない。「そうめんありますか」と聞いても、「ない」とどこの店でも言われるのだ。

奄美大島では結局、一軒も見当たらず、徳之島にハブの仕事で行ったときに、空港近くにようやく一軒発見した。なんだか少し感動してしまった記憶がある。

見た目はまさにそうめん。そうめんを外で食べるのにこんなに苦労するなんてと思いながら、つゆを見ると、つゆの底がなぜか白い。

すると、同行していた木原大先生が「おい、気を付けて食べろよ」とささやいた。「かき混ぜないようにして上手に食え。かき混ぜたらえらいことになるぞ」と。謎の白さの正体は粉砂糖。確かに、よく見てみると、かなりの量が沈澱している。甘いそうめんなんてたまらんと、つゆの上の方にだけ麵をそーっとつけて食べた。

その後、奄美の人に「なんで、そうめんを店で出さないの」と聞いたら、「家で食べればいいじゃない」と誰もが口をそろえた。お店の人に聞いても同じ意見だった。お店ではかつ丼やてんぷら定食など、家ではあまり食べられないものを食わないといけない。そんな感覚が奄美では強い。

◆みんな大好き黒糖焼酎と奄美の酒文化

奄美の酒といえば黒糖焼酎だ。

近年は焼酎ブームもあり「里の曙」、「れんと」などの奄美黒糖焼酎は認知度も高いだろう。

黒糖焼酎の原料のひとつはいわずもがな黒砂糖だ。

黒糖はサトウキビのしぼり汁に食用の石灰を混ぜて煮詰め、乾燥させる。昔はサタ車《ぐるま》という横回りの圧搾《あっさく》機を牛、馬、人などで引き回してサトウキビを搾ったが、現在はモーターの回転を利用して機械化されている。

しぼった汁を大きな平釜で煮詰めて石灰を混ぜる。石灰を混ぜないとしぼり汁は水飴《みずあめ》状になり、固まらない。そのまま固めると硬い飴になるので、鉄釜に分けて注いで、大きなしゃもじでかき回し続ける。

近所、親戚、友人まで集まり、にぎやかに汗をかく。適当に粘りが強くなったところで固めれば平板状の黒糖になる。最後までかき回し続けると、粉砂糖になる。

と、書くのは簡単だが、実際は石灰の量や火を止めるタイミングなどで微妙に味は変わる。だから、同じ土地でつくっていても味が違ってくる。

奄美の黒糖はどれも文句なくおいしいと私は思うが、地元には、おいしいと評判の銘柄の黒糖に対しても「こんなのは昔の3等品だ」と手厳しい人も多い。

どう違うのか尋ねると「口に入れたらサーと溶けるような滑らかな味わいだった」というのだが、わかるようでわからない。どんな味だったのか未だに私の中では謎である。

私が奄美に赴任した40年ほど前には、多くの集落に個人経営の製糖場があったことは記憶にある。冬になると白い煙が立ち上り、甘いにおいが漂っていた。

私は見学がてら時々訪れたが、攪拌《かくはん》する前の水飴状の熱い黒糖を水に入れたものをいただくことが多かった。そのまま冷やすと硬い飴になるのに、水に入れると水飴状態が保たれるのが不思議だった。

もらってきた黒糖を食べると、地元の人は「新糖は味が違うね。香りがいい」と声を揃えて絶賛していたが、私には「黒糖は黒糖だろ」と違いが全く分からなかった。

そこで、その時残った黒糖を職場にあったマイナス80度のディープフリーザーに保管して、約半年後にその時に流通している黒砂糖と食べ比べることにした。8月に常温に戻して食べたら新糖の味の奥行きを少し感じることができたかなという程度であった。しかし、技官の昇《のぼ》善久さんは「なんでこの時期に新糖がある！」と目を剝いた。

地元の人にとっては違いがあるらしい。

ちなみに、黒糖の話をこれだけしておいて、驚かせるようだが、現在、黒糖焼酎の原材料は実はほとんどが奄美産ではない。黒糖は6割以上が沖縄産、米はほとんどが本土産かタイ産だ。

特産品といっても多くが島外産なのだ。

これは不思議な話だろう。「そもそも、サトウキビは奄美の主要産物なのだから使えばいいのでは」と誰もが思うはずだ。

これには複雑な背景がある。

奄美では江戸時代から米を原料にした泡盛などがつくられていた。ただ、太平洋戦争前後に米不足になった頃、黒糖を使った焼酎造りが盛んになる。１９５３年に本土に復帰した際に、これが問題になる。

日本の酒税法では焼酎に糖を使えなかったのだ。ただ、歴史的な経緯もあるため、特例措置として奄美だけで黒糖焼酎の製造を認めた。今でも黒糖焼酎を製造できるのは奄美群島に限られている。

では、なぜ、奄美のサトウキビを使わないのか。これは単純に沖縄のサトウキビを使った方が安いからだ。というのも、沖縄の黒糖工場には国から助成があるため、奄美産はどうしても割高になってしまい、太刀打ちできない。

もちろん、今でも奄美産の黒糖を使った焼酎はある。例えば、朝日酒造の「陽《ひ》出《いず》る國《しま》の銘《せ》酒《え》」はサトウキビの栽培から自ら手掛けている。

地産地消の動きもあるし、奄美といえばサトウキビでもある。奄美ならではの原材料を生かした焼酎造りに期待したい。

さて、「研究者は酒を飲むのに黒砂糖から分析するのか」と驚かれたかもしれないが、それは違う。私が単に酒好きなだけである。

奄美は酒飲みには寛容だ。ここ数年こそ我を失うほど飲む機会はないが、それまでは飲めば何も覚えていないという事態が度々発生した。

奄美は酒飲みにとっては最高の環境だ。焼酎はうまいし、冬でも暖かい。酔ってそこらで寝ても凍死の心配がない。私も路上でただ寝るどころか上着やズボンを脱いで寝ていたことも数知れない。

正月の2日に路上で寝てしまった時もある。この時は自分の家と勘違いしたのか、靴を脱ぎ、靴下も脱ぎ、眼鏡も時計も外し、財布も含めてポケットの中の物も全て道路に置いた。夜中に目覚めたが、ベロベロなので、自分の格好に意識が回るわけもなく、裸足のまま歩いて帰宅した。我ながらひどい。

翌朝、警察から電話がかかってきたが私はまだ寝ていた。つまり、靴を脱ぎ、財布も放り出し、裸足で帰宅した驚愕の事実に一切気づかず、警察に「荷物が一式届いているので取りに来て下さい」と電話で伝えられ、初めて事態を「いけね」とのみ込んだ。

「服部さんって、危ない人なのでは」と怪訝《けげん》な顔をされそうだが、これは奄美では別に不思議な話ではない。街中に泥酔したおじさんがごろごろ転がっているとまではいわないが、珍しくもない。酔っ払いが道に倒れていても「えっ、人が倒れてる」と驚く人は誰もいない。「おじさん、風邪引いちゃうよ」と声をかけるくらい、ありふれた光景なのだ。奄美のやさしい人、そして温暖な気候は罪深い。

記憶がなくなるまで飲むからといって、ただただ路上で寝ていたわけではない。黒糖焼酎の黒糖についても観察するほどには酒の味にこだわりがある。呑兵衛仲間でも「服部さんがいうなら」と一家言ある。

私にとって奄美一の焼酎といえば「瀬戸の灘《なだ》」である。研究所の隣りに工場があるなどの縁もあった。

「奄美一の焼酎」といったが、できたての瀬戸の灘はマズい。この世のものとは思えないくらいマズい。その後に不純物を取り除き出荷するが、それでも大しておいしくない。ところが、これを一升瓶のまま1年置いておくと格段においしくなる。3年置けば3年分、10年置けば10年分おいしくなった。不思議な焼酎だった。

「だった」と過去形で記したのは、今ではこの焼酎は手に入らないからだ。経営者が亡くなった後に経営が苦しくなり、事業譲渡された。

「瀬戸の灘」はその後も手に入れられたが全くの別物だった。経営を引き継いだ会社の社長は、それまでのボロボロの酒蔵を高圧洗浄機などを使って天井から床まで徹底的に磨き上げた。

良くも悪くも、環境を一変させてしまったために、蔵付きの麴菌を追いだしてしまったのか、全く別の酒になってしまった。それを好きな人もいるだろうが、オールドファンには違うものだ。

それでも私は諦めきれなかった。あの瀬戸の灘が飲めないなんて。もしかすると、以前のように焼酎を寝かせてみれば味が変わるかもしれないと3年寝かしもした。味はまろやかになったが、結局のところ違う。3年待ってのこの落胆が伝わるだろうか。呑兵衛仲間も「服部さんがそこまでやってダメならダメだね」と奄美の失われた味を惜しんだ。

◆刺すか刺されるか命がけの選挙

おいしい酒を飲むと次の日にこたえる。おいしいからつい飲み過ぎてしまってこたえるのか、おいしい酒がこたえるのかは、この歳になってもいまだにわからない。

家でも飲むが、もちろん外でも飲む。私にとって飲み屋は貴重な情報収集の場だ。特に内地から来たばかりの頃は酒場が奄美を知る「学校」だった。奄美のしきたりや地元の情報については、よく知らない居合わせたおじさんに教えてもらった。今となっては、ふらりと行っても誰か知った顔がいる社交場でもある。

わいわいがやがやと楽しめる雰囲気は私のみならず奄美の酒好きにとっても貴重な場だが、その雰囲気が一変する時期がある。選挙だ。

今でこそ、選挙であろうが夜の街は賑やかだが、１９９０年代初頭までは選挙が近づくとお通夜のようだった。飲み屋に行っても誰もいない。そこで初めて、「あっ、しまった、選挙中か。確かに人が歩いてねえなあと思ったんだけどね」と気づく。店の女将さんにも「服部さんぐらいよ、こんなときに来るのは。誰も出てなかったでしょ」と呆れられていた。

「選挙になると外出しない」と聞いても、内地の人にはさっぱり意味がわからないだろうから奄美の特殊事情をお伝えしよう。

私も赴任早々の頃、研究所の技官だった昇さんに「選挙が始まったら気をつけろよ、ここの選挙は怖いから」と注意されたものの、「選挙がなんで怖いんだ」と意味がわからなかった。後になって嫌というほど「怖さ」を思い知らされることになったが、この時は知る由もない。

年配の方は「保徳《やすとく》戦争」を覚えているだろうか。奄美群島区から選出される衆院議員は長い間一人だった。保岡興治《やすおかおきはる》氏が4期連続当選していた衆院奄美群島区に徳之島町出身で病院グループ「徳洲会《とくしゅうかい》」を創設した徳田虎雄《とくだとらお》氏が「医療革命」を掲げて1983年に出馬。それ以降、保岡氏と徳田氏が奄美を二分して文字通り戦争のような熾烈な争いを繰り広げた。中傷ビラや怪文書がまかれたりは日常茶飯事で、運動員が刺し殺されたなどと暴力沙汰の噂も聞こえた。本当に命がけなのだ。票を隠したりしないよう、肌着だけの姿で開票作業をするから「ステテコ選挙」とも言われた。

保徳戦争の激化に伴って、奄美の市町村選挙も代理戦争と化した。例えば、鹿児島県徳之島・伊仙町《いせんちょう》での1991年の町長選挙では開票所への投石、町選管をも巻き込んだ替え玉投票、1年半に及ぶ町長不在という異常事態を招いた。1993年のやり直し選挙では夜間に警察が検問し、選挙当日は機動隊が出動したというから比喩ではなく、戦時体制さながらだった。

その後も伊仙町の選挙では開票所の公民館などにはロープが張られ、パトカーが張りつくものものしい雰囲気が当たり前の光景となっていた。

厄介なのは直接の利害関係者だけでなく、私のようなノンポリも巻き込まれるところだ。昇さんは私に「背後には気を付けろ」とも言っていた。まさか尾行されるわけじゃあるまいしと軽く受け止めていたら、本当に尾行されたことがある。

奄美に住み始めてしばらく経った頃だ。当時、嘉徳《かとく》という集落でハブの捕獲実験中で、実験用ラットの飼料を、トラップ点検に協力してもらっている区長に届ける必要があった。古仁屋から自家用車で向かったら、土建業者のものらしき車が私の後ろをつけてきた。最初は気のせいかなと考えたが、古仁屋から峠を二つ越えて嘉徳に着くまでずっと追走してくる。私の車が区長の家の前まで行くと後続車両から人が降りてきて明らかに色めき立ったのがわかった。私を認識していたので「服部は区長に用事があるのか、選挙で買収工作でもするのか」とでも思ったのだろう。結局、私が後部座席からラットの飼料を区長に渡すのを見届けると、「なんだよ、それは」という顔で帰っていった。つまり、選挙活動では蚊帳の外の私に対しても疑心暗鬼になるほどに、選挙期間中は誰もが「実弾」をまいて票を集める行為が当たり前となっていたのだ。

彼らがなぜ私を尾行できたかというと、少しでも不審な動きをする者がいないか常に目を光らせているからだ。秘密警察さながらだが、笑い事ではない。

選挙期間中は集落ごとに櫓《やぐら》が建つ。相撲の土俵の四本柱のような高さ5メートルほどの柱の上に約4畳半の空間を確保した小屋だ。そこに見張りを置いて集落への出入りを警戒させる。集落の出入り口にも何人か張り付けていて、見知らぬ訪問者がいればトランシーバーで小屋のメンバーとやりとりするのだ。

櫓の下にも見張りがいて、見知らぬ顔がそのまま集落に入ってくれば「おい、つけろ」とバイクや自動車で尾行する。

国政選挙も首長選挙も奄美群島では一人の枠を二人で争う。奄美の社会は顔見知りがほとんどだから、ひとりひとりがどっちの派閥かレッテルを貼られている。「敵」が変な動きをしていたら探るわけだ。

監視は徹底していて、夜になるとサーチライトを使って警戒する。ライトに照らし出された訪問者に「どこにカネをまきに行くか」と怒号が飛び交うことも一昔前は日常茶飯事だった。

私の友人前田芳之さんも選挙期間中、夜の山に昆虫採集に車で出かけたら、2台の車が後ろを走ってきた。今日は山に行く人が多いなと思いながら、下車して、ライトで木を照らしていたら、ついてきた男たちに「何してるんだ」と一喝された。「昆虫採集しているんだよ」と答えたら、「選挙の最中にそんなことするな。こんな大事な時期に虫採りするな」と怒られたという。奄美は選挙活動が始まると虫採りをする自由までもなくなるのか。山の中で秘密の会合を開くわけがないのだが、それくらい監視は徹底している。私も昇さんに「選挙の間は夜の調査はとにかく全部やめたほうがいい」と助言されていた。

なぜ、そこまで選挙に力を注ぐのか。これにはいくつか理由がある。

まず、経済に占める公共事業のウエートが高く、政治と建設業界が癒着しやすい。町長選挙で応援する候補が勝てば、町発注の工事の指名を確実に得られる。逆に負ければ、指名から完全に外され、倒産寸前まで追い込まれる。私を尾行した彼らにしてみれば、生き死にがかかっていたわけだ。そんなことが過去にあったのである。

選挙に生活がかかっていたのは土建業者だけではない。役場職員の処遇にも影響して、町長や村長が交代すると役場幹部の顔ぶれが一新したこともあった。「応援した人は引き上げてやるぞ」とわかりやすいインセンティブだが、とても公務員の人事制度とは思えない。

そして、奄美中が選挙に熱狂していたもうひとつの理由が選挙賭博だ。徳之島では闘牛が盛んだが、熱狂的な人気の裏には賭博がつきまとう。選挙も同じだ。闘牛では「何秒で勝負がつくか」というような賭け方をするらしいが、選挙でも、どっちが勝つかはもちろん、何票差で勝つかなどを賭けて札束が飛び交う。分が悪いと判断すると、金で票を買って勝ちを呼び込もうとする。「俺は１００票は動かせる」と人前で豪語する酔客に出くわしたこともある。

もちろん違法なので、おおっぴらに開帳するわけではないし、今はそんなことはないと聞くが、賭博の存在は地元の人なら誰もが知っていた。私は奄美に来た当初は知らなかったが、土建業者の社長が選挙賭博に負けて、パワーショベルを2台取られて仕事ができないと警察に駆け込んだ新聞記事を見て初めて知った。

いずれにせよ選挙が生活を大きく左右する。選挙の前になると人口が増えるとまで言われていた。1票のために住民票を移す者があらわれるからだ。さすがに本当かなと思うが、奄美の事情を知ればさもありなん。そのくらいやるだろうなと思えてくる。1票の重みなんて言葉があるが、奄美では本当に1票が重い。選挙に行かないと集落の顔役から当日に「まだ来てないでしょ」と電話がかかってきたくらいだ。

選挙期間中は同僚が敵と知れば、会話もしないし、職場どころか家族同士でも口をきかなくなるケースも珍しくない。みんな1票の重みを知っているから最大限有効に使うし、狭い社会だからいろいろなしがらみがあって、家族とはいえ一枚岩ではない。選挙離婚という言葉があるように、選挙期間中は別居している夫婦は珍しくなかった。

小選挙区制導入に伴い保岡氏が鹿児島1区に転出した1996年の衆院選以降、国政選挙は落ち着いた。市町村レベルでは今世紀に入って以降も夜間にサーチライトで検問するような文化が一部では残っていたが、さすがに今は姿を消した。

ちなみに、読者の方は、私は買収されなかったのかと思われるだろう。私が赴任した当初は、内地者は頭数に入っていなかった。よく地元の人に「(私と妻で)2票もあるのにもったいないね」といわれたが、当初は「もったいない」の意味がわからなかった。奄美の人に「もう先生は奄美の人」と認識された頃には「もったいない」の意味も理解していたが、保徳戦争も終戦していた。奄美生活を堪能したし、「奄美の人」と言われても、選挙だけは奄美流に適応できないままだったかもしれない。

◆奄美の12月25日とキリスト教

特定の日付が場所によっては違う意味を持つ。例えば、一般的に9・11といえば2001年にアメリカ同時多発テロが起きた日だが、奄美では奄美が誇る画家の田中一村《たなかいっそん》(1908~1977)の命日でもある。千葉市で長年活動し、50代になってから奄美に移住した日本画家で、奄美の自然風土を描いたことで人気が高い。「アダンの海辺」などが有名で、コレクションを展示した田中一村記念美術館は奄美の観光スポットとなっている。私は一村に特に興味がないし、一村好きでも命日まで覚えているファンは少ないだろうから、我ながらさすがに無理筋な例を挙げている気もする。だが、12月25日は奄美と他の世界では雰囲気が異なる。世界はクリスマスで賑わうが、奄美では本土復帰を記念し祝う日だ。若い世代はそれほどでもないらしいが、全く違う日なのである。

奄美には圧政に苦しめられた歴史がある。琉球の支配の後、薩摩に搾取され、明治維新で体制が変わるも、第二次世界大戦での敗戦でトカラ列島以南が日本から分離され、米軍に統治された。

日本に奄美が返還されたのは1953年。これは本土復帰運動が実を結んだ面もあるが、米軍としては沖縄に比べて地の利もなく、思ったよりも使い道がなかったというのが本音だろう。奄美は入り江だらけで湾が数えきれぬほどあるため海軍の配備には向いているが、第二次世界大戦の時点で戦争は明らかに空軍の時代になっていた。終戦後に米軍は、今の研究所の周辺にテントを張り、一生懸命に調査に走り回ったらしいが、しばらくするといなくなったと聞く。「軍事的にあんまり使いようがないな」という印象だったのではないだろうか。

本土復帰がクリスマスになったこととは関係がないだろうが、奄美にはカトリックの教会が多い（次ページ写真は、奄美市笠利町《かさりちょう》の大笠利教会）。神社やお寺はほとんど目立たないが、奄美大島には約30の教会があり、鹿児島県内のカトリック信者の約半数は奄美にいるともいわれている。

奄美の文化を語る際に、黒潮に乗ると、放っておいても奄美に着くので海外文化が内地よりも早く流入したとまことしやかに言う人がいる。古くは遣唐使や遣隋使は奄美を通り、幕末に

ペリーが浦賀に来航した際も、先に奄美を通り、島伝いに水や食料を積み込んだという。だが、奄美でカトリックの布教が始まったのは明治以降なので、カトリック信者が多い理由としては考えにくい。

地元のカトリック信者の人に聞いて妙に納得したのは「お坊さんがいない」という理由だ。お坊さんがいないからクリスチャンでないと葬式が出来ないので、実際的な理由で入信する人が少なくない。墓には日本風の石碑の上に白い十字架が刻されている。和洋折衷モデルなのだ。

正月にクリスチャンの知人の家に遊びに行った時も、和洋の良いとこどりだった。まず、クリスチャンなのにしめ縄がある。そこで少し驚くが、「正月くらいは日本らしさを味わうのかな」と思いながら家に上がると、仏壇がある。「キリストに申し訳ないような」と理解に苦しみながら仏壇を開くと、そこにはキリスト像が鎮座している。神棚もあるし、仏壇もある。線香立てとろうそくもある。

教会も椅子の上に座布団を敷いたり、畳を敷いていたり、宗教の壁を軽く越えてしまっている。いい加減ともいえるし、奄美の自由な感じを象徴しているともいえる。

そういえば、鹿児島空港の奄美群島行の搭乗口の近くには畳が敷いてある一角があった。名瀬港の待合室には今でも畳コーナーがあり、奄美の人の飾りのなさが見える。

◆行動は旧暦で

奄美ならではの風習といえば、旧暦での生活だ。いまだに旧暦で人々が動く行事が多く、業者が配るカレンダーには旧暦が必ず載っている。「今日は15日だったので、朝は墓に花を供えてきた」、「1日だから、午後1時くらいが干潮か」のような会話が自然に交わされる。

さすがに最近は、正月こそ新暦で祝う家庭が大半だが、旧正月も祝う家庭は少なくない。「旧正月なのでおじいちゃんの家で三献《さんごん》（写真＝正月の朝に食べる餅の吸い物、刺身、豚の雑煮などのこと）してきた」と口にする子供も珍しくない。

内地では女の子の節句は3月3日のひな祭りだが、奄美では旧暦の3月3日「サンガッサンチ」に祝う。その日に海に行かなければ女の子はカラスやフクロウになるぞと言われ、半ば脅されるというイベントだ。その日は、瀬戸内町では子供たちは11時ころに学校が終わる。それから帰宅して、海に行って、貝を拾うなどして海辺で昼食を家族とともに楽しむ。最近ではこの「サンガツサンチ」は海開きも兼ねているようだ。

余談だが、奄美は海が身近だ。

学校帰りに服のまま泳ぐ人も珍しくない。加計呂麻島に出かけたときに、小学校高学年くらいの子が服のまま泳いでいたので、何で服のままなのと聞いたら、「この辺じゃ誰も水着なんて着ないよ。持っていないし」とあっけらかんとしていた。ひと遊びしてそのまま歩いて帰る。その間に服は乾くという。

プールで泳がないのかと思うだろうが、奄美は学校併設のプールが使えない場合が多い。学校にプールは設置されているが、循環式の浄化機能がないと利用できない決まりになっている。奄美はそうした制度が定められる前に設置されたプールが大半のため、一昔前は水泳の時間は歩いて海に行き、泳いでいた。今は市町村が運営するプールで泳いでいるが、考えてみればちょっと行けば海なのだから、別にプールで泳ぐ必要はない。泳ぎたくなったら服を着たままでも海で泳ぐ。それが自然な人間の感覚だろう。私は車内がびしょびしょになるから子供には水着を着させたが、気にしないならちょうどいい。これまた余談だが、奄美は一年中薄着なので服代が全くかからない。すぐに乾くので何着もストックは要らないし、値段が張りがちな厚手の冬服も不要だ。

話が逸れたが、旧暦の5月5日「ゴガツゴンチ」は男の子の祭りで、餅米でつくったお菓子の「あくまき」（写真）を食べる。灰汁《あく》に浸けた餅米を灰汁で炊いたこの菓子にはいまだに馴染めていない。新暦の5月5日に揚げた鯉のぼりを旧暦の5月5日まで揚げたままの家庭も多い。ただ、南の地は日差しが強い。鯉のぼりはただでさえ数年で色あせるので、日ざらしにしておくと劣化が激しく、子だくさんの家庭は買い換えを迫られることもある。

七夕は盆行事のひとつになっている。旧暦の7月7日に竹に短冊飾りをつけて掲げる。七夕飾りは旧暦の7月13日の迎え盆の朝まで飾られる。ご先祖様はこの飾りを目指して帰ってこれると伝えられているからだ。

13日の夕方にお墓で迎えて、墓で灯した盆提灯で自宅までご先祖様を連れ帰る。その日の夕食から精進料理になる。15日の夕方には墓地にご先祖様を送り、帰宅してから精進落としと称して、シビ（マグロ）の刺身を食べ、集落の盆踊りを楽しむ。

これが伝統的なお盆の形だが、最近は精進料理を食べる家庭は少なくなってきている。とはいえ、盆は1年間で最も重要な行事に変わりはない。本土から帰省する親戚などで奄美が最もにぎやかになる時期だ。ただ、旧暦での行事なので、年によっては9月に盆がずれ込むこともあり、新暦で社会生活を営む大半の人には合わせるのが難しい面もある。

旧暦の9月9日「クガツクンチ」は奄美独特の行事で氏神様を祝う日だ。奄美の各集落には氏神様がある。例えば私が勤めていた研究所の隣の手安《てあん》集落には四つの「グンギン」と呼ばれる氏神様があった。そして家ごとに四つの氏神様がそれぞれ割り振られている。

当日は昼ご飯を持ってそれぞれの家が属するグンギンさまにお参りし、宴会となる。私と同じ職場にいた昇技官は、クガツクンチは半休を取り、家に帰っていた。

代表的な行事だけでもこのようになっている。他にも、旧暦8月は「ミハチガツ」とも呼ばれ、お盆と正月が混ざったような状態になる。8月15日は十五夜で奄美中のほぼ全ての集落で敬老会と豊年祭が開かれる。最近はその前後の土曜、日曜に十五夜祭りが開催され、町会議員などの顔役は忙しく集落を巡る。もちろん、新暦の行事も祝うので奄美の人は一年中何かを祝っている。今でいうパーティーピープルといっても過言ではない。

◆日本で最も土俵が多い島

ハブの調査で集落に行っていたころ必ず目にするものがあった。相撲の土俵だ。

なぜ、集落に土俵がと多くの人は思われるだろう。

奄美では五穀豊穣を祈願する豊年祭で相撲が奉納される。そのために土俵は必要なのだが、奉納のためだけではない。スポーツとしても相撲が盛んなのだ。

「奄美の男は、一生に一度はまわしを着けて土俵に上がる」。こう聞くほどに相撲が日常に浸透している。

実際、奄美群島出身の力士は多い。日本相撲協会のホームページによると鹿児島出身の力士は18人、そのうち、奄美出身の力士は12人もいる。戦後の名横綱のひとりにも位置づけられる朝潮《あさしお》（三代目）も徳之島出身だ。

特に奄美大島は、鹿児島県民体育大会では1971年の初出場以来、19連覇を達成している。20連覇は逃したがその翌年から再び連覇を重ねている。いかに相撲が盛んかがわかる。

南国で相撲が盛んな地域といえば沖縄を思い浮かべる人も多いはずだ。だが、沖縄出身の力士は沖縄全体でも奄美より少ない11人だ。

これにはいくつも理由があるだろうが、「相撲」といっても、全く違うルールだからだ。

沖縄相撲はいわゆる組み相撲だ。相手の手足や体を地面に付けるだけでは勝ちにならず、あおむけに倒すまで延々と続くこともあった。つまり相撲といっても韓国相撲やモンゴル相撲に似ていて、レスリングに近い。それも3本勝負だったから想像するだけでかなりハードだ。

奄美も沖縄相撲のようなイメージを持つかもしれないが、大和相撲だ。かつては四つに組んで技を掛け合う沖縄相撲だったが、戦後にかけて大相撲に代表される立ち合い相撲に変わっていったらしい。本土復帰に伴い、国体などに参加するのにルールを変えていく必要があったのが大きな理由のようだ。点在する集落の土俵も、昔は沖縄相撲のように平面の丸い円に砂やオガクズをまいていたが、島での相撲のルールの主流が変わるにつれ、今のような盛り土に整備されていった。

土俵の数は奄美大島だけでも100を超えるといわれている。奄美大島は土俵の数が日本一の島なのだ。どこの集落にも土俵がある島というのもなかなか面白い。「土俵の島」としての魅力を発信してもいいかもしれない。

13　世界自然遺産登録に思う

◆自然遺産登録で思うこと

2021年7月に世界自然遺産に正式に登録され、ひとまずほっとしたというのが本音だ。というのも、今回の世界自然遺産登録に関しては、2017年に推薦書を提出したが、異例の延期勧告となった。今回がダメならばどうなるのだろうかというところだった。

大きなネックとなっていたのが米軍の基地問題だ。米軍から返還された沖縄本島の北部訓練場が推薦地に含まれていなかったので、返還予定ならば予定に入れて修正しろと指摘された。

また、推薦地が4島内の計24カ所に分断されて一体的な保全ができないことも課題に挙げられた。

ただでさえ島が分かれているのに、島内の対象地域も道路や一部の土地を除いて真面目に申請したら、国際自然保護連合（ＩＵＣＮ）から「ここの土地がつながっていないのはおかしい」と指摘された。こちらとしては「ここは道路だったり、関係ない土地なんだけどな」と思っても、そう指摘されたら見直すしかない。

私個人の思いとしては、今回の登録に関する奄美の評価は生物多様性だが、当初は独自の生態系と生物多様性を押し出していた。大陸から切り離された世界で多くの固有種が独自の進化を遂げた点に着目してほしかったが、これも多様性メインの方がわかりやすいと指摘を受けた。こうした経緯で、生態系を押し出さず、世界と比べてもたくさんの種類の生物がいますという「多様性」を打ち出している。

少しさかのぼってみよう。

１９８８年に現在の新しい奄美空港が開港しジェット機が就航するようになった。宅急便の開業やパソコン、ファクシミリの普及などで少しずつ情報や物流が動き始めた１９９０年代に、奄美大島の自然に対しても注目が集まり始めたが、環境庁、ＷＷＦジャパン、一部の研究者や環境調査会社の調査員などが訪れる程度であった（夜も昼も森の昆虫採集などは自由に行えた時代で、種名が明らかでないカンアオイは、採集した後に栽培下の花を見てその種であると同定していた）。90年代は、選挙が激しい時代ではあったが、のんびりとしていたのだ。

奄美の世界自然遺産登録の議論は２００３年から始まった。環境省内の検討会で知床、小笠原、奄美・琉球の３地域が候補地に選ばれた。そこから奄美では自然遺産登録に向けて動き出し、動植物の調査やマングースなどの外来種の具体的な駆除、絶滅危惧種の保護体制などの議論が本格的に始まった。不思議なのは、候補地は奄美大島だけでなく奄美・琉球なのに、当初は奄美大島だけで議論が始まった点だ。「なんで奄美だけなんだろ。候補地は奄美・琉球なのに。沖縄は沖縄で議論しているのかな」と考えていたら、これが全くしていない。

２０００年代半ばあたりから沖縄も候補地として入ってきたと思ったら、そこでは石垣島も宮古島も必要だという場所の議論からの再出発になり、「えっ、そこからまた始めるの」と驚いた記憶がある。思いのほかここの修正に時間がかかり、２０１０年頃からやっと、推薦書をどのように書くか、何をアピールするかの議論になった。

私は候補地科学委員会をはじめ国や県などの委員会・会議などで委員を務めた。

驚かれるだろうが、私は奄美の世界遺産登録にかつては反対だった。大事なものを、どうやって「見せるか」を考える議論に気乗りがしなかったのだ。研究者として、山に自由に入れなくなることや、観光人口の増加による自然への負荷が気がかりだった。委員を引き受けたのは「言うべきことを言った方がいい」と思ったからだ。

委員会では動植物に関する有識者の位置づけだが、わかりやすく言うと調停役であり、何でも屋だ。みんな困ると「とりあえず服部さんに相談するか」となり、気づいたらあれこれやっていた。

例えば、科学委員会には植物の専門家はいたが、昆虫の専門家はいない。奄美には地元の大学もないうえに、そもそも昆虫学を支えているのは多くのアマチュア研究者たちである。虫の話題になると「じゃあ、服部さん、どうですか」と聞かれ、なぜか私が答えていた。昆虫の専門家でもないのに、だ。私は世間ではハブの研究者と見られているのだろうと思っていたが、趣味で山に入り浸っていたら、生き物全般に詳しい人となっていたようだ。考えてみれば、そういう研究者はいそうで、あまりいない。

奄美・琉球の特徴は、対象となる島に多くの人が生活している点にある。昔から人が山に入り、利用しながら生活してきた。だから厳密には、手つかずの自然ではなく、二次林（自然林が伐採や災害で失われた後に再生した林のこと）が大半だが、それでも他の地域に見られない生き物が絶滅せずに生き残っている。

世界自然遺産に登録されてからは、ＩＵＣＮから要請された「緩衝地帯での森林施業が現在のレベルに制限できるような森林施業計画」と「強固な河川内工作物から自然な動植物の生息できる流れを回復する河川再生計画」に対応する検討会の委員を務めている。

世界自然遺産のある奄美大島本島には5万人以上の住民が暮らしている。緩衝地帯の山林の多くは民有地や市町村有地であるが、集落に管理が任されている市町村有林も多い。伐採を伴う森林利用を止めることはできない。

さらに、奄美大島で住民が暮らしている土地のほとんどは、現在から1万年前までの洪積世に堆積した土石の上に位置する。洪水のたびに山からもたらされる大量の土石の管理も放置してはおけない大問題である。治水治山機能を維持したまま自然の流れを再生できるのか。リュウキュウアユの遡上だけ確保して意味があるのか。

難しい議論と調整が必要だが、奄美大島の生物環境を見てきた経験から、環境に多少の撹乱《かくらん》があるくらいの方が生き物は暮らしやすいのではないかと考えてしまう。反対する人も多いかもしれないが、住民による撹乱も生物多様性の一部だと考えて見つめていてもよいと思う。

いま、奄美大島や徳之島ではアマミノクロウサギによる農作物の食害が問題になっている。山域のタンカン畑ではケナガネズミによる食害も増えている。次々と予想もしなかった事態が現れてくる。知恵を絞って考えても思い通りにならないのが自然の姿なのだろう。

◆暮らしと環境保護をつなぐガイド

人が手入れをしながら残してきた自然だけに、その生活とともにどう環境保護をしていくかは今後の課題だ。

その間をつなぐにあたり重要な存在は、エコツアーガイドさんだ。過去に登録された白神山《しらかみ》地（青森、秋田県）、屋久島（鹿児島県）でも、観光客急増で環境破壊が問題視された。訪れる側はもちろん、受け入れる側の体制整備も急務であり、その大きな役割を担うのがガイドさんだ。

私も研修などを通じて、多くのガイドと接点がある。勉強熱心で、こちらが舌を巻くほどの知識を持つ方もいれば、「ちょっとこの人はどうだろう」という人も正直いえばいる。世界遺産になり、コロナ禍の終息に見通しが立ち、海外からも自然を楽しみたい観光客が増える。実力の底上げは急務になっている。

　奄美では２０００年代初頭に奄美大島エコツアーガイド連絡協議会が発足し、地元のガイドを育てようという土壌はある。今でも地元のガイドが現地を案内する原則は守られている。例えば、屋久島の場合は、地元ガイドの育成が間に合わなかった。羽田空港からガイドが同行し、縄文杉などを一緒に回り、東京に帰ってしまう。東京から来るのが悪いとは言わないが、やはり現地にいるかどうかで情報の深度は変わる。

　私は２０２０年度に環境省の補助事業（２０２０年度国立・国定公園への誘客の推進事業）に参加した。世間はコロナ禍で島内でも何度もの小規模クラスターが発生し、ガイドは休業状態。そうした中、ガイドの育成、徹底的な調査とルート開拓、島内向けガイドツアーの試行などを目的として実施されたプロジェクトだ。

　調査団員は6名の現職エコツアーガイドと環境省職員。場所は金作原《きんさくばる》から先の奄美中央林道の11キロほどの範囲で、奄美大島の中心部ではあるが意外と生物情報の少ない場所だった。最初は植物の名前を覚えるのも大変だと言っていたガイドたちであったが、調査を重ね、今では腕利きの若手ガイドに成長している。

　島根県に戻り、奄美に出張した際、そのときのガイドが金作原を案内してくれた。「ずっと金作原を案内してきたが、こんなに多くの希少種が道から見える場所にあるとは思いもしなかった」と、楽しそうにレーザーポインターで指し示し、満開のナゴランをいくつも見せてくれた。

奄美大島のエコツアーガイド協議会では「質」と同じくらい「量」も懸念される。ガイドの高齢化だ。協議会発足当時は元気だった会員も、多くが60代以上になっている。視力が衰え、協議会を辞された会員や、亡くなられた会員もいる。

奄美の自然を守るためには、エコツアーガイドという仕事の魅力と重要性をもっと知っていただく必要がある。そうした共通認識が生まれれば、将来はガイドを志す若者が現れる。そして、観光客だけでなく、教育現場や島で生まれた方がガイドによるツアーを利用する機会が増えるような仕組みづくりも重要だろう。

私も尽力してきたが、こうした循環をつくるには地元の人の意識が欠かせない。


また、私は世界自然遺産登録に向けて地元を盛り上げるために講演会を開いたり、啓発活動をしたりもした。２０００年以降の野生生物保護センターの開設、マングース駆除事業の開始、世界自然遺産推薦候補地への決定、推薦書の提出と再提出、そして世界自然遺産リストへの記載に至るまでには多くの方々の努力があったし、住民の方々の関心の高まりも肌で感じた。

その過程で感じたのは、奄美の人は雄大な自然が身近すぎて価値に気づいていなかった点だ。自然保護に熱心な人と、そうでない人との差も未だに大きい。植物の盗掘やペットの飼育放棄などは近年になっても後を絶たない。このギャップをどう埋めるかはこれからの課題でもある。

重要なのは急にガチガチの保護政策を打ち出したりせずに、これまで通り動植物と付き合いながら守っていく姿勢だ。実際、ＩＵＣＮも外来種を完全に駆除できるとは思っていない。いないのがベストだが完全に駆除しろとも言っていない。現実的ではないからだ。

例えば植物ならば、除去に本腰をいれたところで植物が増える速度に追いつかない。一度入り込まれて目に付いたときには手遅れの場合が大半で、共存策を模索するしかない。

◆マングースバスターズ

そのような意味では、マングースの駆除は世界的に見ても奇跡的な外来種の駆除例といえよう。

Ｉ部で昭和の時代のハブとマングースショーの熱狂について述べたが、その裏側で現実はとんでもないことになっていた。それはそうだろう。マングースはハブを退治しない。かつ、負けるではなく、お互いに興味がない。そうなると、マングースは何を食べるのか。昆虫やネズミ、鳥を食いまくる。希少種のヤンバルクイナやアマミノクロウサギ、アマミイシカワガエルなども犠牲になった。ハブは減らず、マングースは増える。生態系は少しずつ壊れていった。

奄美には大型肉食動物はハブしかいない。捕食者がほとんどいないため、１０００万年以上前に住みついたアマミノクロウサギなどの固有種が生き残れた。裏返せば、それだけ外来種が入り込む余地が大きく、外来種の侵入は絶滅と隣り合わせであった。沖縄でハブとマングースを対決させた渡瀬教授が全く予期していなかったであろう出来事が起きていたのだ。

私を含め奄美の人たちも本土の研究者も楽観視していた。私が赴任した1980年頃、当時はすでにマングースが野生化していたと述べた。車で走っていると国道沿いにマングースを見かける時もたまにあったが、正直、「あっ、マングースだ」程度の認識だった。「これは大変なことになるぞ」などとは思わなかったし、1980年代末から1990年代初頭にかけてクロウサギの研究者や鳥類研究者が調査に訪れた時でも、誰もマングースを気に留めていなかった。だから、専門家も含めて「マングース、やたら増えていない？　生態系大丈夫なの？」とは誰も言わない。本当に気づいていなかったのかもしれないし、「アマミノクロウサギがマングースに襲われることもたまにはあるだろう」程度の認識だったのかもしれない。当時は外来種に対する意識が世の中全体で希薄だった。

島で駆除活動が本格的に始まるのは1990年代になってからだ。1989年に阿部愼太郎氏（現環境省奄美群島国立公園管理事務所所長）が仲間たちと奄美哺乳類研究会を発足させ、マングースの分布の現状、捕獲調査の結果を公表して警鐘を鳴らしたのを契機に、自治体がようやく対策に乗り出した。

名瀬市がマングースを1993年に有害鳥獣として駆除し始めて、多くの研究者の協力もあり、マングースによる野生動物の激減は疑いようがなくなる。名瀬市を中心として多くの動物種の空白域の広がりが明らかになり、名瀬の駆除事業は２０００年には環境庁に引き継がれて国のプロジェクトになった。

当時のマングースの個体数は1万匹と推定された。野に放たれた30匹が20年あまりで1万匹にまで増えたのである。生態系全体で自然を考える時代ではなかったかもしれないが、人が安易に自然に手を加えると制御できなくなってしまう恐ろしさを物語っている。

当然、国としても、これほどのマングースをどう捕まえるかという問題になる。島に生息する在来種には天敵がいないため、放っておけば好き放題に生態系を破壊してしまう。とはいえ、1万匹を一網打尽にする方法はない。それならば、1匹ずつ罠で地道に捕まえる方法で根絶やしにできるのか。

当時はハブ以外でもペットのアライグマが野生化して野鳥を襲ったり、湖に放流されたブラックバスが在来種を食い荒らしたり、外来種が社会問題になっていた。

環境省もこのとき初めて外来種の駆除に踏み込んだ検討会（移入種問題分科会〈通称・移入種検討会。座長・小野勇一九州大名誉教授〉）を設置する。私も委員に加わったが、マングースをトラップ（罠）で捕獲する以上の効果的な捕殺法のアイデアは浮かばなかった。

みんなで具体的な駆除方法を考えている時に、座長の小野先生がこう仰った。「今の状況では1匹ずつ捕獲するしかない。世界中のどこでもうまくいったところはないけれども、やってみよう」。


途方もない方法に思えたが、奄美でのマングース根絶やし作戦は奏功し、捕獲数は２０１６年度に28匹、２０１７年度は10匹まで激減した。そして、２０１８年４月の１匹の捕獲を最後に確認されておらず、島内に４００カ所以上に設置したセンサーカメラでも発見されていない。環境省は早ければ２０２４年にも根絶宣言を出す方針だが、目撃情報は寄せられており、生息している可能性を完全には捨てきれず、油断はならない。

私もかつては1万匹を1匹ずつ捕まえて根絶できるかなと半信半疑だったが、２００５年に環境省が駆除を始めてから20年も経たずに、ほぼ絶滅状態になった。凄いとしかいいようがない。もちろん、そこには関係者の並々ならぬ尽力があったのはいうまでもない。そして、日夜、マングース退治を担ったのが「マングースバスターズ」だ。

◆山道をズンズン歩いている

環境省は２０００年度から本格的な防除事業を開始し、中核を担う施設として大和村《やまとそん》に奄美野生生物保護センターを4月に設立した。

当初は捕獲したマングースを買い上げていた。マングースの買い上げは環境省による駆除事業が始まったのちも2003年まで続いた。その駆除報奨金は1匹当たり2200円。これはイノシシと同額だった。ちなみに当時の鹿児島県によるハブの買い上げ金額は2500円で、各市町村が2500円の追加報奨金を付けて計5000円という額になっていた。

最大で10万匹と推定された時期もあったくらいなので、本腰を入れ始めると年間数千匹ペースで捕獲できた。

駆除をさらに進めるため、2005年に専門スタッフを募集し、結成されたのが捕獲専門チーム「奄美マングースバスターズ」だ。それまでのような報奨制度ではなく、専従者として雇用することで、隊員は中長期的な視点でマングースを捕獲できる仕組みを整えた。

マングースバスターズの活動は決して華やかではない。山の中に1万平方メートル（100メートル四方）にひとつ、塩ビ管の罠を置き続けた。恐ろしいことに、これを奄美大島中央部のほぼ全域に展開する。その数は約3万個！

隊員たちは目印として地図に罠を置く地点を印していったが、印のない場所は地図上になくなったはずだ。彼らが道なき山をズンズン進んで、罠を仕掛けまくったことで、奄美の山に山道ができた場所も多い。私のように植物や昆虫の観察で山に登る愛好家は「バスターズルート」と呼んでいるが、彼らが奥に奥に入ってくれて、山の中が大変歩きやすくなった。

彼らの地道な活動で、06年度に2700匹だった捕獲数は14年度に100匹を下回った。このころから大活躍したのがバスターズ犬だ。ニュージーランドで調教されたイヌが送られてきた。導入目的はマングースのにおいが残る場所に罠を集中させて残りのマングースを駆逐するというものだったが、イヌの持つ狩猟本能を発揮し、見つけたマングースを木の洞や岩の割れ目に追い詰めた。ハンドラーとの共同作業で直接駆除できたマングースも増え、マングースゼロ地帯は確実に広がり、前述のように2018年4月の1匹以後、捕獲ゼロが続いている。

もちろん、バスターズの仕事はまだ終わらない。手を緩めてしまえば、また増える可能性があるからだ。バスターズのメンバーは根絶宣言が出るまで、山道を毎日ズンズン歩いている。全島に設置した罠にマングースがかかっているかどうかを確認して、罠の餌を取り替える。ひとつひとつに、マングースが大好きな豚の脂身を仕込む。

「数が減ったのだから予算を減らせ」という意見もあるが、それでは元の木阿弥になりかねない。数が減っても、地道な活動は欠かせない。生息が確認されていなくても、罠を仕掛け、それを確認する。

そして今、彼らはノネコと向き合っている。飼い猫として島に入ったのが野生化し、アマミノクロウサギなど希少動物を襲うため、生態系に影響が出つつあるのだ。都会の野良猫とは違って野生化しているため、これ以上放置できない。動物愛護との兼ね合いもあり難しい選択も迫られる。私にはとてもできないだけに、頭が下がる。

彼らと一緒にいて感じるのは、心の底から山や自然が大好きで常に楽しんでいる姿勢だ。月曜から金曜までバスターズの仕事で山に入り、罠の点検や餌替えを繰り返す。土日くらいは街で羽根を伸ばしたいだろうが、週末は私たちのような植物好きの人たちと山に出かける。つまり、月曜から日曜まで1週間を通して常に山にいることになる。私は平日は室内で実験していたので気分転換にもなったが、彼らはいつ休んでいるのだろうか。月月火水木金金で奄美の自然を守る。楽しいから、休む必要がないのかもしれない。そんな人たちに奄美の自然は守られている。

自然大好きな人たちの情熱によって奄美の自然は超回復を遂げているのだ。本来の生態系を取り戻すために、最後の1匹まで捕りつくすためにマングースバスターズは今日もズンズン山を歩く。

◈これからの自然保護

1980年に奄美大島に赴任してから、40年余りが過ぎた。当時の奄美空港は国産プロペラ機YS‐11が離着陸する小さなもので、空港から東京大学医科学研究所の研究施設がある大島南部の瀬戸内町古仁屋までは100キロほどの道のりがあった。いくつもの峠を越えて3時間近くかかる難路だ（瀬戸内町では、ほぼ毎日のように数時間の停電がある時期もあった）。

道路事情はすっかり改善され、国道や県道の峠越えの難所の多くがトンネルに変わった。奄美空港から瀬戸内町古仁屋までの１００キロの道のりも現在は75キロほどに短縮されている。時間も1時間半ほどになった。緩やかで幅の広い道路に次々と現れる長いトンネルを走っていると、奄美が島であることを忘れてしまうほどである。

トンネルが完成すると、もとの峠道は車も少なくなり絶好の自然観察ポイントになった。ゆっくり旧道を走るのは楽しい。ただし、夜の道は注意が必要だ。時速10キロ以下で走るように指導しているが、それでも速すぎると思えるほど動物の影は濃い。

林道の中には大名《だいみょう》林道のようによく整備され、舗装されているところもある。しかし、多くの林道は舗装されていても左右からの草が路面を覆い、見通しも悪い。普通車やレンタカーでは走るのが難しく、四輪駆動車でも苦労するほど荒れている場所もある。そうした林道は、当然、レンタカーは乗り入れ禁止になっている。

小さな未舗装の林道は、１９７０年代に広葉樹パルプの原料としての木材搬出のために開設されたものが多い。一度通行不能になると復旧されることは少ない。

今後も、通行不能になった林道は改修されない可能性が高い。奄美の動植物の保全のために何が必要かと問われると、私はなるべく不便にしておくことだと答えるようにしている。道が通れば便利なのは確かだが、不便になればなるほど、人が入りにくくなればなるほど森はおもしろくなる。

車で入ることができない林道は、大規模な盗掘盗採から奄美の動植物を守る切り札になる。養老孟司先生ともよく話したが、自然を完全にそのままにして人間を完全にブロックするわけでもなく、折り合いを付ける。人の生活があってこその価値でもあるので、人の生活を守りながら、自然も残す。ガチガチに守って自然を残すとなると、人間がつらい。ゆるゆるでもこんなに残っているというぐらいの姿勢が結果的に自然を守ることにつながる。その折り合いの付け方は自然を知ることでしか生まれない。森に入るしかない。多くの場所は都市化してしまったが、奄美はまだ折り合いの付け方を知り、折り合える状況にある。

それまで車で走っていた道を歩いてみると、これが意外と楽しい。思いがけない場所でカンアオイの群生地を見つけたり、イボイモリの幼生がたくさんいる水たまりを発見したり。歩いてやっとたどり着いた目的地で見るお目当ての花は、気のせいかもしれないが車で以前来た時よりも美しく映り、新鮮な気持ちになれる。痙攣《けいれん》しそうな足を引きずるように車まで帰り着いた時には変な達成感すら覚える。

とはいえ、観光で訪れた人がいきなり山道に入るのは難しいだろう。ぜひエコツアーガイドに案内を頼んでみることをお勧めする。気温や風向きを考慮して、最適なコースに連れて行ってくれるはずである。

奄美のエコツアーガイドは、おのおの工夫を凝らしている。車の入れない林道や古くからある山道のルートを開拓して、独自のツアーを組んで山を案内して歩くガイドも珍しくない。そのようなのんびりした旅が、奄美大島観光の売り物になるような時代が来ることを期待せずにはいられない。

奄美の暮らしと調和した環境の保護であってほしい。そして、それを知った上で、ぜひ奄美に足を運んで楽しんでみていただきたい。

コラム3

鶏飯《けいはん》を食べてみよう

1988年、奄美空港ができて観光客が大勢訪れるようになってから、「みなとや」は大きく変わった。おばあさんは亡くなり、お店は大きくなり、常に客でにぎわう超有名店になった。観光シーズンは数十分待ちだ。味も変わった。以前のあっさり味を知っている身からすると、脂っこすぎるようにも感じるが、観光客には大人気。私の舌の問題かもしれないと最近は思っている。

ガイドブックでは鶏飯は奄美を代表する料理として大きく取り上げられているが、その成り立ちや発展の経過は実はよくわかっていない。

島で薩摩藩の役人を接待したことが起源とされていたが、最近は諸説ある。スープをかけて食べるスタイルから、アジアの他の地域から伝わったとする説もあれば、そもそも鹿児島が起源ではという説もある。

虫採り仲間の前田芳之さんは常々「鶏飯は奄美と言われているけど、薩摩本土が起源だよ」と言い切っていた。なんで薩摩なのかと聞くと「いや、薩摩だから薩摩だよ」と。何度聞いても明確な根拠はなかったが、前田さんがそこまで言うなら薩摩なのかなとぼんやり思っていた。

前田さんの「鹿児島説」を一歩踏み込

んだのが、同じく友人で歴史研究者だった弓削政己《ゆげまさみ》さん（故人）だ。鶏飯の起源が仲間内で話題になっている時に、私の妻が偶然読んだ新聞記事を弓削さんに見せたのがきっかけだ。

その記事は石見《いわみ》銀山近くの島根県温泉津《ゆのつ》町（現大田市）のカフェについてだった。カフェのオーナーが先祖代々受け継いできた実家の定番料理「奉行飯《ぶぎょうめし》」をメニューに加えたら人気が出たという内容だ。よくある話なのだが、その記事が私の妻の目に留まったのは、記事中の奉行飯の写真が鶏飯とまったく一緒だったからだ。

私も「ええっ、こんなことあるのか」と思い、記事を詳しく読んでみると、江戸時代にその家に泊まった薩摩藩士から作り方を学び、生まれたのが奉行飯だという。

鹿児島で普及していた鶏飯が薩摩藩士によって島根に伝えられたのでは――そんな仮説を弓削さんに伝えた。弓削さんは当時の文献を探りに探って、石見銀山から産出された銀の半数前後が薩摩に横流しされて、それが世界に流通していた記録を私たちに示した。薩摩と石見銀山、温泉津町のカフェの先祖の強いつながりを浮かび上がらせたわけだ。もちろん、だからといって「鶏飯は薩摩本土が起源」とする根拠になるわけではない。が、仲間内では「やっぱり鶏飯は、前田さんが言うように、薩摩の料理がベースにあったのではないかな」という結論になった。

そもそも鶏飯という名の料理は、古くは17世紀末の『合類《ごうるい》日用料理抄』にはじまり、多くの料理書に載っている。この「鶏飯」は「けいはん」ではなく「にわとりめし」と読み、鶏のゆで汁を使った炊き込みご飯という説がある。これが現在の鶏飯になったということだろう。

余談になるが、弓削さんは奄美市名瀬で文化財保護審議会長を務めた。徹底した文献調査で江戸時代から明治時代の奄美群島の歴史の究明を続けられた。

今でも印象深い話がある。

弓削さんにハブの語源を尋ねたところ、朝鮮語では蛇を「パイ」といい、それが「ファイ」と転じ、日本語の「ハブ」や「ヘビ」の語源になったと説明してくれた。コブラ科の「ハイ」や「ヒャン」、ガラスヒバァの「ヒバァ」、マムシの古語(方言)の「ハミ」や「ハメ」も語源は同じだよと。この原稿の校正時に校閲者から、朝鮮語の「ペム」が「フェブ」に転じ、それが「ヘビ」や「ハブ」の語源になったのではと指摘された。酒の席でのあやふやな記憶を修正していただいて感謝している。

コラム4

奄美ならではの「ミキ」

本土からの観光客は奄美大島のスーパーに行くと驚くはずだ。牛乳の隣に謎の飲料が大量に鎮座しているからだ。それは、米とサツマイモ、白糖でつくる無添加の発酵飲料で「ミキ」といい、島ではおなじみだ。

見た目は真っ白、食感はとろりとしていて、口に含むと甘みが広がる。甘酒を濃厚にした味わいは好き嫌いが分かれる。ただ、米とサツマイモが原料なので、日が経つにつれて発酵が進み、とろっとした食感は薄れる。味の変化も楽しめる。

亜熱帯の奄美の暑い夏を乗り切る健康ドリンクとして愛されていて、栄養価の高さから、離乳食や病院食にも利用されている。

アルコールは入っていないが、ミキの名の由来は「神酒」とされる。そのため、島の祭りには欠かせず、以前は各家庭でつくられていた。

温暖な気候の中で食べ物の長期保存を図るために発酵技術を発達させてきた奄美らしい飲み物といえる（私はミキより神酒が好きだが）。奄美ならではの飲み物だけに、食わず嫌いせず、奄美を訪れたら試しに飲んでほしい。

あとがき

2020年末に奄美大島から故郷の島根県に転出した。

豪雪地帯の農村で、オオサンショウウオがどこにでもいる良好な自然環境だ。だが、光回線もADSLもなく、ケーブルテレビのみがネットサービスを提供していた。ネット環境が整備できるまでに時間がかかったので道の駅などに行ってみたが、フリーWi-Fiも見当たらなかった。ガラケー愛好者の私ですら驚いたが、無ければ無いでなんとかなるもので、年末の1週間を、メール送受信もインターネット情報を得ることも出来ない家で過ごしていたら、そのうち気にもならなくなった。

このような自然と隣り合わせの場所でも、地域の人々の自然に対する関心は薄い。「絶滅危惧種」、「固有種」などが話題にのぼることもない。奄美大島では自然に対して住民の関心が薄いという話をよく耳にしたが、本土で久々に暮らしてみると、奄美大島の住民の自然に対する関心の高さを痛切に感じる。

奄美群島の成長戦略会議などでは、これからの奄美に何が必要かを議論してきた。「カード決済など利便性」、「宿泊施設の快適さ」、「情報の提供速度」などが話題にのぼった。これらのインフラ整備はもちろん必要である。その一方で「ゆるい」などと失礼な表現をした箇所もあるが、つまりは、のんびりとした昔と変わらない生活が奄美大島の重要な観光資源だろう。

「時間がゆっくり流れる」、「ぼ〜っと海を見て過ごすことができてよかった」、「ただひたすら、のんびりしていた」などと、奄美大島での体験の感想を語る観光客も多い。確かにそうだ。島の人や生活のおおらかさは大きな財産である。Ｗｉ－Ｆｉを使えない民宿も不便といえば不便だが、なにも気にせずのんびりできると考えれば、全てを忘れてのんびりできる。

本書では奄美の面白さについて触れてきた。きっかけは何でもいい。奄美に関心を持ってもらえたらぜひ足を運んでいただきたい。不便は面白い。おそらく、奄美はあなたの人間らしさを目覚めさせてくれるだろう。

本書でも繰り返し述べたが、私は、「みんな、自然に戻ろう」と言っているわけではない。原始的な生活をしよう、と言っているのでもない。自然に触れ、親しむ時間を今の生き方に取り入れたらどうだろうかという提案をしたかったまでだ。科学の発達で、私たちは世界を理解している気になっているが、自然と向き合うと何もわかっていないことを思い知らされる。新型コロナウイルスの感染爆発で、感染症という「終わったとされた学問分野」に世界が翻弄されたのも示唆的だ。

今の生活を守りながら、自然に触れる。それを味わえるのが奄美の醍醐味だ。

なお、本書は、コロナ禍の渦中に、東京と島根をＺｏｏｍで繋いで語った私の拙い話を、『人生で大切なことは泥酔に学んだ』などの著作で知られる栗下直也さんがまとめてくださった。黒糖焼酎の箇所に力が入っているのは栗下さんならでは、うまく私の奄美への思いを汲みつつ、外からの視線で説明を補足してくださった。自分ではなかなか一冊にまとまらなかったかと思う。素晴らしい聞き手であり、まとめ役である栗下さんに感謝したい。

本書をまとめている間にも、奄美大島や徳之島の新しい情報を送ってくれた奄美の仲間がいる。奄美に行くたびに山に誘ってくれる仲間たちもいる。驚くほどいいタイミングで情報を送ってくれるので、島根県にいても奄美の現場のイメージを十分膨らませることができた。彼らの写真はイラストに、情報は文章に結実している。いまも月に一度は仕事で出かけているが、奄美の自然が大好きな仲間たちに心から感謝したい。

この道一筋――解説にかえて

養老孟司

奄美群島と言えばまずハブ。住んでいる人には不本意かもしれないが、外部からこの世界自然遺産を含む島々を訪れるとしたら、ハブに無知ではいられない。まして野外で生きものを研究するとなれば、ハブ対策が文字通り死活的な問題になる。著者の服部さんは、奄美大島瀬戸内町にある東京大学医科学研究所奄美病害動物研究施設（長いなあ）になんと四十年奉職した（これも長ーい）。経歴からもわかるように、地味だが、たいへん実直で誠実、信頼のおける人物である。ほとんど仲人口みたいになったけれど、事実だから仕方がない。そういうわけで、この本の内容のほぼハんブんは、ハブについての話になっている。

一つの動物をきちんと知ろうとすると、一生以上かかる。私は食虫類のトガリネズミ、ジネズミの仲間を調べたが、当然途中で挫折し、いまはゾウムシを調べている。食虫類は名前に見るように、虫を食う。虫ではないけれど、虫の世界に君臨している。その中にスンクス（ジャコウネズミ）という種があって、奄美にもいるけれど、台湾にたくさんいるというので、東大薬学部生薬学の齋藤洋教授（当時）と一緒に台湾にこのネズミを捕りに行っていた。養鶏場には鶏糞が嫌というほどあって、それを干して肥料にして売るらしい。鶏糞を干している場所があって、そこには大量に蛆が湧く。それをジャコウネズミが好んで食べにくるから、そこにトラップを仕掛けてネズミを捕る。それだけではなく、他の食虫類も台湾で探した。服部さんならそういうことに詳しかろうというので、齋藤教授がスカウトして、一緒に台湾に行ったのである。服部さんと仕事上ご一緒したのは、この時だけである。その後奄美の世界遺産登録が近くなった頃から、奄美に行く機会が増え、初めて服部さんの研究室を訪れた。奄美群島のあちこちの島から集めたハブが飼われており、服部さんは先端を手で温めた棒をハブの檻に差し込んで、食いつくかどうかを見せながら、島によってハブの習性が少し違うということを説明してくれた。奄美では加計呂麻島のハブがよく食いつくらしい。そのあとで、アマミノクロウサギの糞からマグソコガネを採る方法を教えていただいた。

動物好きの人はなにか共通点があって、すぐにたがいに心を許すところがある。狩猟採集時代からの遺伝子の発現が共通しているのかもしれない。要するに石器時代の人間というわけである。そういう人は現代にはなかなか適応しづらい。私が服部さんに直接に出会った時間は短いが、強い親しみを感じている。

本書にも記されているが、私はインターンの時に小児科の実習をさぼって、奄美大島にフィラリアの検診に出かけてしまった。当時まだ伝染病研究所だった医科学研究所の寄生虫部教授だった佐々学先生のフィラリア根絶プロジェクトに参加させていただいた。奄美大島の瀬戸内町、当時の古仁屋《こにや》の旭屋旅館が滞在先だったが、今でも古仁屋を歩くと懐かしく思う。川や橋や町のたたずまいがあまり変わってないからである。

本書はフィールド型の研究者としての服部さんの半生記であり、奄美群島の自然史の解説書であり、良質な自然のガイドブックでもある。島根県の田舎で育った子ども時代のことが書いてあって、オオサンショウウオを焚火に放り込んで、焼いて食べたという。ナチュラリストの面目躍如たるものがある。なぜかバレて校長先生に叱られたと書いてあるが、そりゃそうでしょう、天然記念物なんですからね。

自然に興味がある人、奄美に関心のある人、旅行に行く人には、ぜひ読んでいただきたい一冊である。

本書は、書き下ろし作品である。

［構成・文］　栗下直也

［地図と図版、イラスト］　すべて著者

［写真］
36頁　川村善治
135頁　浜田太
139頁　前田芳之
188頁　編集部
189頁　平城達哉
191頁　泉和子
他　すべて著者、ないしは著者提供

［協力］　奄美市立奄美博物館
https://www.city.amami.lg.jp/bunka/kyoiku/bunka/hakubutsukan/shokai.html
＊充実した展示なので現地に行かれた場合におすすめです。

服部正策（はっとり・しょうさく）

島根県生まれ。東京大学農学部畜産獣医学科卒業。東京大学医科学研究所の奄美病害動物研究施設に2020年3月まで約40年間勤務。
専門は実験動物学、医動物学。ハブの生態、咬傷予防、ハブ毒インヒビターの研究や、ワタセジネズミ、トゲネズミなど野生哺乳類の研究、実験用霊長類を使用した感染防御実験などを行ってきた。休日や夜間の野生動植物の観察がライフワークで現在も続けている。
著書に『マングースとハルジオン』(伊藤一幸との共著、岩波書店、2000年)がある。退官後は、島根県の山間部で農業をしながら、奄美の自然を伝える活動や著述に勤しんでいる。

奄美《あまみ》でハブを40年研究《ねんけんきゅう》してきました。

発行　二〇二四年三月一五日

著者　服部正策《はっとりしょうさく》
発行者　佐藤隆信
発行所　株式会社新潮社
〒一六二-八七一一　東京都新宿区矢来町七一
電話　編集部〇三（三二六六）五四一一
読者係〇三（三二六六）五一一一
https://www.shinchosha.co.jp
装幀　新潮社装幀室
組版　新潮社デジタル編集支援室
印刷所　株式会社光邦
製本所　株式会社大進堂

乱丁・落丁本は、ご面倒ですが小社読者係宛お送り下さい。送料小社負担にてお取替えいたします。

価格はカバーに表示してあります。

ISBN978-4-10-355571-1 C0040

鳥類学者だからって、
鳥が好きだと思うなよ。

川上和人

出張先は火山にジャングル、無人島！　耳に飛び込む巨大蛾やウツボと闘い、吸血カラスや空飛ぶカタツムリを発見し――知られざる理系蛮族の抱腹絶倒、命がけの日々。

鳥類学は、あなたの
お役に立てますか？

川上和人

絶海の孤島！　迫る巨大台風！　そしてサメ！研究はまたも命がけ!?　『鳥類学者だからって、鳥が好きだと思うなよ。』著者による抱腹絶倒、爆笑の最新刊。

沈没船博士、
海の底で歴史の謎を追う

山舩晃太郎

指先も見えないドブ川で2000年前の船を発掘、カリブ海で正体不明の海賊船を追い、エーゲ海で命を危険にさらす。水中考古学者が未知の世界へと誘う発掘記。

年寄りは本気だ
はみ出し日本論

養老孟司
池田清彦

怖いものナシ！　この国を動かす「空気」の正体を喝破し、流行りものには物申す。84歳の解剖学者と75歳の生物学者が、ほんとうの難題を語り尽くす。

《新潮選書》

身体の文学史

養老孟司

芥川、漱石、鷗外、小林秀雄、深沢七郎、三島由紀夫――近現代日本文学の名作を、解剖学者ならではの「身体」という視点で読み解いた画期的論考。

《新潮選書》

狂うひと
「死の棘」の妻・島尾ミホ

梯久美子

島尾敏雄の『死の棘』に書かれた愛人は誰か。日記に書かれていた言葉とは。未発表原稿や新資料で不朽の名作の真実に迫り妻ミホの生涯を辿る、渾身の決定版評伝。